AF388572

Die Entstehung einer Branche und ihre Normen-Krise

Von Horst Reiner Menzel
Blitzschutz Historie ab 1752
Die Branche von 1959 - 2020

Impressum:
Bibliografische Informationen:
Die Deutsche Nationalbibliothek verzeichnet die
Publikation im Internet unter: http://dnb.dnb.de

© 2021, Horst Reiner Menzel
Dieselstraße 8
71546 Aspach
doremenzel@gmx.de
Website: http://www.reiner-menzel-aspach.jimdo.com

Überarbeitete Auflage 21.05.2021
Herstellung und Verlag: BoD – Books on Demand, Norderstedt
ISBN- 9783754301944

Vorwort der 1. und 2. Auflage

Die Entstehung einer Branche von den Anfängen und dem Neustart nach dem Zweiten Weltkrieg, einhergehend mit dem ungeheuren Bauboom der 60-80ziger Jahre, als wir damals anfingen mit Hammer, Zange, Schraubenzieher und einem klobigen Richteisen
Drähte an den Hauswänden herunterzunageln. Wir hatten außer ein paar schlechten Leitern nichts, außer unserem Mut an Wänden und auf Dächern herumzuklettern, jederzeit konnten wir abstürzen. Blitzschutz, war und ist trotz vieler Verbesserungen heute immer noch Freeclimbing. Das Gefährlichste daran war, dass wir das klettern nirgends gelernt hatten, wir mussten es uns selber beibringen.

Die Normen-Katastrophe der Branche, verursacht durch naive Normenausschüsse, die meinen, alle Probleme des natürlichen Blitzgeschehens durch Normung und Vorschriften in den Griff zu bekommen, in Wirklichkeit aber den Blitzschutz-Kunden und vor allem der gesamten Branche einen Riesenschaden zufügen, indem sie den Gebäudeblitzschutz so verteuern, dass ihn sich der Normalbürger nicht mehr leisten kann. In meiner Geschichte soll niemand beleidigt werden, aber ich bin nicht bereit, diesen desaströsen Weg unwidersprochen hinzunehmen. Die Nennung von Personen und Firmennamen geschieht zwangsläufig, sonst würde diese Geschichte niemand verstehen, es ist auch keine Geschäftsschädigung beabsichtigt, sie soll indessen zum Nachdenken und zur Umkehr mahnen, denn noch ist es nicht zu spät diese Norm ehrlicher zu machen. Was ich damit meine ist, dass jeder Blitzschutzfachmann weiß, dass diese Normen nicht zu 100 % eingehalten werden können, weil die technische Ausstattung von Gebäuden so komplex und unübersichtlich geworden ist, und sich auf Grund ständiger Neuerungen und Erweiterungen jeden Tag ändern kann. Das heißt, dass mit jedem Eingriff Dritter in das technische System eines Gebäudes, auch ein Eingriff in das System des Blitzschutzes, an diesem Gebäude einhergeht. Hinzu kommt, dass auf Grund des Sparzwangs von Planern immer mehr technische Gebäude-Einrichtungen auf die Dächer platziert werden. Den Blitzschutzerrichtern wird dann zugemutet aus diesem unentwirrbaren Technik-Salat eine wirkungsvolle Blitzschutzanlage zu errichten. Natürlich kann niemand garantieren, dass bei einem Direkt-einschlag kein Schaden entsteht. Sollte das der Fall sein, geht der Expertenstreit los und die Errichter-Firma hat da meistens schlechte Karten, ist in der Haftung, weil sie die Normen nicht eingehalten hat, ja überhaupt nicht einhalten konnte.

Die Annahme, dass auf diesem Technik-Monster-Dach alle Näherungen berücksichtigt wurden, ist Wunder-Glaube. Um die

Trennungsabstände einhalten zu können, wurden die Leitungen aufgeständert, bzw. HVI Leitungen eingebaut.

Das bedeutet im Umkehrschluss, dass nicht nur bei der Planung eines Gebäudes, sondern vor jeder Veränderung, jeweils auch der Blitzschutzfachmann konsultiert werden muss, eine völlig unrealistische Traumvorstellung. Wohl wissend, dass alle Beteiligten versuchten ihr Bestes bei der Normenarbeit zu leisten, muss ich feststellen, dass man mit dem Schutz-Bedürfnis zu weit gegangen ist. Viele wissenschaftliche Werke wurden zum und über den Blitzschutz geschrieben, es ist die Grundlage, die es uns heute ermöglicht den optimalen Schutz für Menschen und Gebäude zu leisten. Aber Wissenschaftler neigen nun einmal dazu alles zu ergründen, wie man ein technisches Problem löst, lassen aber in der Regel die dabei entstehenden Kosten völlig außen vor. Nicht umsonst sagt ein alter Spruch: >Die Menschen sollen die Götter nicht versuchen<, soll heißen, angepasst an den heutigen Stand der Technik, ist vieles machbar, aber leider auch sehr teuer, man sollte deshalb bei der Normung einen Weg zwischen wirtschaftlicher Machbarkeit und Schutzbedürfnis finden. Deshalb sollten sich die Normenausschüsse endlich ehrlich machen, diese Situation anerkennen und zugeben, dass sie dafür verantwortlich sind, dass eine ganze Branche in der der Klemme ist. Man kann keine unrealistischen Normen aufstellen und dann von den Blitzschutz-Errichtern erwarten, dass sie Wunder vollbringen. Deshalb sollten in einer Präambel diese Zusammenhänge erklärt werden, damit Errichter, Fachleute, Prüfer, Gutachter, Richter und Staatsanwälte die Probleme richtig einordnen können. In dem ganzen Normenwerk findet man kein einziges Wort darüber, dass wir es beim Blitzgeschehen mit einem Naturphänomen zu tun haben, dass wir inzwischen wohl besser zu verstehen gelernt haben, dass wir aber keinesfalls beherrschen. Eine Norm, die diese Wahrheiten verleugnet und so tut, als ob man eine absolut sichere Anlage errichten kann, die mit jedem Blitzeinschlag fertig wird, wenn man nur die Normen einhält, ist gefährlich und zutiefst unmoralisch, weil sie Menschen, die nur in ihren erlernten Berufen arbeiten und dabei anderen helfen wollen, sich und ihre Habe vor dem Blitz zu schützen, ins Gefängnis bringen kann.

Was die Ereignisse in den genannten Firmen betrifft, gilt das oben gesagte, es soll niemand beleidigt oder geschädigt werden, außerdem liegen viele Ereignisse mehr als 30 Jahre zurück, die meisten der handelnden Personen sind inzwischen schon verstorben.

Der Autor

Nachbetrachtung zur 3. und 4. Auflage des Buches

Inzwischen sind 20 Jahre, seit Einführung der neuen Blitzschutznorm VDE 0185-305 vergangen. Eine Nachschau oder Nachjustierung hat nicht stattgefunden, auch keine Anpassung an die Realitäten, sie werden ignoriert. An meiner Einschätzung der gesamten Sachlage in der Branche hat sich also nichts geändert. Man geht davon aus, dass die Normen auf den Naturgesetzen basieren und die könne man nicht ändern. Selbstverständlich kann man sie nicht ändern, aber man könnte die Normen so gestalten, dass man Blitzschutz auch ohne ein schlechtes Gewissen bauen kann. Leider ist das nicht mehr der Fall. Alle Blitzschutzbeteiligten, die Normenausschüsse, die Materialhersteller und die Blitzschutz-Errichter machen sich etwas vor. Alle drei Gruppen haben sehr unterschiedliche Interessenlagen, die ich hier kurz aufzeigen möchte.

Die Wissenschaftler wollen nicht zugeben, dass es keine absolut sicheren Mittel gegen Naturgewalten und Gewitter gibt, stopfen die Normen mit wissenschaftlichen Meisterleistungen voll, die für den Praktiker schwer verständlich sind und vergessen völlig, dass sie gerade für diese Gruppe das Handbuch sein sollte, mit dem man Blitzschutzanlagen bauen kann, so war es jedenfalls zu ABB Zeiten. Der VDB musste in monatelanger Kleinarbeit, erst einmal aus der Norm ein Handbuch für die Praxis entwickeln. Dafür gebührt ihm höchstes Lob und Anerkennung, vor allem Dank an die Herren, die an diesem Werk mitgearbeitet haben. (Das VDB Montage-Handbuch) Sie haben sozusagen die Branche wieder auf Kurs gebracht. Dank auch an die Materialhersteller, die bis heute in vielen kostenlosen Kursen den Technikern und den Monteuren, die neuen Normen nahebringen.

Die Material-Hersteller wollen nur eines, Geld verdienen und überfrachten die Branche mit komplizierten, technischen Konstruktionen, die hauptsächlich nur dazu dienen, um die unerfüllbaren Forderungen der Norm, mit einem riesigen Material und Kostenaufwand, doch noch zu schaffen. Weitere Einlassungen zu diesem Thema, finden sie innerhalb des Buches. Ein starkes Indiz dafür, dass auch sie wissen, dass dieses zu hoch gesteckte Ziel nicht zu erreichen ist, erkennt man daran, dass sie mit eigenen Fachingenieuren kostenlose Blitzschutz-Planungen für ihre Kunden anbieten. Der Grund, dafür, warum sie diese sehr aufwendigen und kostenintensiven Arbeiten nicht in Rechnung stellen, wird klar, wenn man weiß warum das so ist. Die Fachleute der Material-Hersteller sind sich selbst nicht sicher, ob sie mit ihren Empfehlungen die Norm einhalten können. Deshalb bieten sie ihre Leistungen nur als Beratungsdienst an. Wenn sie Geld dafür nehmen würden, wären sie in der Mitverantwortung, falls später ein Sachschaden oder viel schlimmer, ein Personenschaden auftreten sollte und der Staatsanwalt auf der Matte steht. Letztendlich heißt ja die VDE 01815-305 z. B. nicht Anleitung zum Errichten von Blitzschutzanlagen, sondern VDE Bestimmungen - und Bestimmungen sind so gut wie Gesetze. Hält sich jemand nicht daran, macht er sich strafbar. Das scheint aber viele Blitzschutzbauer wenig zu interessieren oder sie sind sich über die Folgen nicht so genau im Klaren.

Die Blitzschutz-Errichter wollen natürlich auch Geld verdienen, das gelingt ihnen zunehmend schlechter, weil durch den massiven Eingriff der neuen Normen, - Blitzschutz auf privaten oder alten, vorhandenen Gebäuden nicht mehr möglich ist. Um die von der öffentlichen Hand bezahlten, oder die von den Sachversicherern geforderten Blitzschutzanlagen, balgen sich mit europaweiten Ausschreibungen die paar überlebenden Blitzschutz-Errichter-Betriebe. Sie verdienen nicht mehr genug Geld, um gutes Personal auszubilden oder halten zu können, darunter leidet die Qualität. Der Frust greift um sich, die unmöglich zu erfüllenden Auflagen der Berufsgenossenschaften tun ein Übriges und die Inhaber schließen dann mit dem Eintritt ins Rentenalter ihre Geschäfte, denn Nachfolger können sie meistens auch keine finden.

Nicht berücksichtigt wurde auch, die kolossale Veränderung unserer Arbeitswelten. Wer möchte sich denn heutzutage noch anstrengen. Wenn man doch mit einem Laptop nur 2,5 kg zu tragen hat und damit dreimal so viel Geld verdienen kann, als wenn man mit zwei 10 – 15 kg schweren Montageeimern Blitzschutzmaterial und Werkzeuge auf die Dächer hochschleppen muss. Das tut sich niemand mehr an. Blitzschutzbau ist Schwerathletik, der Monteur muss seine ganze Körperkraft einsetzten um meistens in gebückter oder knieender Haltung seine Arbeit zu verrichten. Blitzschutzbau ist einer der gefährlichsten und anstrengendsten Berufe, die es gibt.

Der Blitzableiter-Setzer kriecht dann auf Dachböden herum, um Näherungen mit HVI-Leitungen zu „umfahren". Er darf nur bis drei Meter Höhe mit Leitern arbeiten, danach kommt entweder die Hubarbeitsbühne oder man muss gemäß den Berufsgenossenschafts- Vorschriften ein teures Gerüst aufstellen oder stellen lassen. Dabei läuft der Monteur die ganze Zeit mit schwerem Arbeitsanzug und Helm, mitunter im Regen herum. Bauarbeiter werfen um 11 h den Hammer weg, wenn es regnet, schneit oder gar Glatteis hat. Aber diese „kleine unbedeutende Branche" wird leider nicht in die Schlechtwetterkasse der Baubranche aufgenommen. Welch ein Hohn und kaum zu glauben was sich der Gesetzgeber und die Gesellschaft hier leistet.

Ist er dann mit den Dacharbeiten fertig, muss er die Erdungsanlage errichten. Erdleitungen werden 50 cm tief in den Boden eingebracht, das geschieht oft in Handarbeit, weil man mit Baggern zu viel Schaden anrichten würde. Teilweise muss er in dunklen Kellern mit zugestellten Regalen und anderen Hausrat vollgepfropften Gängen Potentialausgleichs-Leitungen durch die Spinnennetze verlegen. Kellerwände durchbohren und selbst dort unten noch Tiefenerder einbringen. Oder man schneidet in Dreckwolken gehüllt mit Schlitzfräsen, sich rund um die Gebäude herum, um Erdungen einbringen zu können. Natürlich muss er die Gräben wieder verfüllen und verdichten, die Schlitze vergießen, das Pflaster einbringen und den Makadam abrütteln.

Ja, und dann sollte er auch noch Bergsteiger sein, so richtig mit Seil und Haken umgehen können, wenn er auf den Dächern herumläuft oder besser gesagt kriecht. Aber der Blitzschutzbau geht nicht nur in die Höhe, sondern auch in die Breite und da bleibt er dann an vielen kleinen Hindernissen mit seiner Sicherheitsleine hängen. Viele Kollegen schicken ihre Leute in einen Kurs, wo sie dann zu Industriekletterern ausgebildet werden.

Wie man hört, sind diese Spezialisten dann nicht einmal versichert, weil sie keine Versicherung aufnimmt. So ganz nebenbei, muss der Kollege Blitzschutzbauer auch noch Dachdecker, Elektriker, Elektroniker, Maurer, Maler, Zimmermann, Blechner, Schlosser, Baggerfahrer, Straßenbauer und Kraftfahrer sein. Er muss einen Laptop bedienen können, denn ohne diese Hilfsmittel, kann man an der Baustelle keine Berechnungen der Trennungsabstände, der Blitzkugeldurchhänge und die Höhen der Auffangstangen durchführen. Dessen ungeachtet, muss er sich auch noch mit allen Gewerken im Bauwesen auskennen, damit er beim Einbau einer Anlage keine Fehler macht. Wenn Sie mitgerechnet haben, werden Sie bemerken, dass auf die Tätigkeit, „Blitzschutzdrähte verlegen", nur noch 20 % des gesamten Zeitaufwandes entfällt.

Ein Großteil der Arbeiten muss im unsichtbaren Teil der Gebäude eingebaut werden. Dass sind bei Neubauten die Fundamenterder und die Ableitungen. Ständig ist der Blitzschutzmann auf dem Sprung, wenn die Baufirma anruft, (wenn sie überhaupt anruft) wenn die Fundamenterder oder die im Beton einzulegenden Ableitungen eingebaut werden müssen. Ständig ist er in Sorge, wenn der Architekt nicht rechtzeitig anruft und das so wichtige Gerüst abreißen lässt (Blitzableiter-Setzer können natürlich fliegen) und natürlich den Blitzableiter vergisst, weil das Gerüst jeden Tag Geld kostet. Der Bauherr dem Generalunternehmer mit Vertragsstrafen droht und einziehen möchte, was ist denn da schon der Blitzschutzbau, na so ein Quatsch, der soll doch sehen wie er klarkommt. Er muss in erster Hilfe ausgebildet sein, jeden Tag noch viele Kilometer durch unzählige Staus von oder zur Baustelle fahren. Liegt die Baustelle weit weg, darf er auch noch auswärts übernachten, oft sogar im Auto essen und schlafen und das alles zum Minimallohn.

Die Blitzschutz-Branche ist kein Ausbildungsberuf, sie stellt andere Handwerker oder Ungelernte z. B. Bäcker oder Maler ein und muss sie in fünf langen Jahren, zu einem Blitzableiter-Setzer selber ausbilden. Dazwischen liegen viele Lehrgänge bei Materialherstellern und am Ende eine Prüfung zum anerkannten Blitzableiter-Setzer in einer Landes-Gewerbeanstalt. Wenn man dann so einen Fachmann fertig ausgebildet hat, wechselt er vielleicht die Branche oder geht zur Konkurrenz. Mit 55 Jahren endet dann sein Blitzerleben und er wird Invalide. Da erhebt sich die Frage, wer tut sich das noch an? Daher ist der Blitzschutzbau eine sterbende Branche. Dabei habe ich noch nicht einmal das ganze Angebots- und Vertragsunwesen erwähnt. Generalunternehmer, Bauherren, Bauämter und private Bauherren versuchen mit Knebelverträgen dieses geplagten Nebengewerk fertig zu machen. Da steckt eine ganze Anwaltsmaffia dahinter, der kleine Blitzschutzbau hat keine Chance, er wird gnadenlos untergebuttert.

Die Normenausschüsse waren damals hauptsächlich mit Wissenschaftlern und den Lobbyisten der Material-Hersteller besetzt, Fachleute und Praktiker aus Blitzschutzfachfirmen fehlten fast gänzlich und die Herren vom VDB (Verband Deutscher Blitzschutzfirmen), waren zu wissenschafts- und technikgläubig, konnten oder wollten die berechtigten Interessen der Branche nicht vertreten, obwohl dies ihre Aufgabe gewesen wäre. Statt auf die Barrikaden zu gehen und den Widerstand der Branche zu mobilisieren, ließ man die Normengestaltung in den Händen von Theoretikern. Kritiker, die es zuhauf gab, wurden nicht angehört oder einfach ignoriert. So ist ein Normenwerk entstanden, dass den Gebäudeblitzschutz erheblich verbessert, aber den Errichter-Firmen die Verantwortung zuschiebt, die Normen irgendwie einzuhalten. Sie müssen heute mit dieser Norm leben und kommen mit mehr oder weniger Bauchschmerzen damit zurecht, -

man hat sich arrangiert. Wie es ihnen wirklich geht verschweigen die meisten, man hat auch etwas Angst, sich zu outen, (öffentlich zu bekennen) das könnte am Image kratzen. Der Tiefenerder wird weiterhin, auch ohne die geforderte Verbindung mit dem Potentialausgleich, dort eingesetzt, wo umfangreiche Grabarbeiten und Straßenaufbruch nicht möglich oder zu teuer sind. Vorhandenen Stahlarmierungen werden weiterhin als Haupterdungen genutzt. Die Firmen versuchen die Trennungsabstände einzuhalten, indes, es gelingt ihnen nicht, also baut man oberflächlich betrachtet normgerechte Anlagen, indem man die Trennungs-Abstände von sichtbaren Elektroleitungen einhält. Wenn man aber unter die Oberfläche der Gebäude schaut, muss man erschreckendes an Mängeln feststellen, mit denen diese Anlagen behaftet sind. Jedenfalls, wenn man die VDE 0185-305 zugrunde legt. Dem Wunsch der Normenmacher, einen besseren Schutz der elektrischen und elektronischen Einrichtungen der Gebäude zu erreichen, ist man mit dem überhöhten Äußeren-Blitzschutz-Aufwand nähergekommen, das muss auch in diesem normenkritischen Buch gesagt werden. Der Stangenwalt auf den Dächern wird immer verrückter, teilweise, weil die Monteure auf den Baustellen oft nicht in der Lage sind, die richtigen Stangenhöhen und Trennungsabstände zu errechnen. Teils liegt es auch daran, dass die in den Ausschreibungen meistens zu langen Auffangstangen einfach verbaut werden, weil das Geld bringt und niemand beanstandet diese Missstände. Man handelt nach dem Prinzip:
>Lieber eine zu lange Auffang-Stange und ein paar Stangen mehr <, da machen wir nichts falsch, das wird dann schon passen. Fundamenterder müssen inzwischen von Elektrofachfirmen und Blitzschutzfirmen verlegt werden, oder die Arbeiten von solchen Fachfirmen überwacht werden und das ist gut so. Das Problem ist aber, dass Elektrofachbetriebe überhaupt nicht willens und bereit sind Fundamenterder zu verlegen, gelernte

Elektrofachleute, denken nicht daran in den Baugruben herumzuklettern. Hinzu kommt, dass sie vom Blitzschutzbau wenig Ahnung haben. Das soll nicht abwerten, es ist nur eine Feststellung und - man kann schließlich nicht auf allen Hochzeiten tanzen.

Leider ist es immer noch so, dass fast keine Koordination der Beteiligten stattfindet. Verlegt z. B. eine Baufirma, die einen Elektromeister beschäftigt den Fundamenterder, wird der Blitzschutz, für den eine erweiterte Erdungsanlage erforderlich ist, völlig vernachlässigt. Wenn Ing. Büros die Fundamenterdung planen und seitens der Behörden, keine Auflage zur Errichtung von Blitzschutzanlagen vorliegt, wird sie auch nicht für den späteren Einbau einer Blitzschutzanlage vorbereitet. Je nach Sicherheitseinstufung der Sachversicherer, haben diese auch noch ein Wörtchen mitzureden, ob eine Blitzschutzanlage erforderlich ist. Manchmal überlegt es sich der Bauherr, später doch noch eine Blitzschutzanlage einzubauen, dann ist dies nur noch mit einem erheblichen Mehrkostenaufwand möglich. Leider ist auch das Ingenieurswissen in den Planungsbüros nicht auf sehr hohem Stand, weil die Hochschulen das Nebengewerk Blitzschutz, bei der Ausbildung nur streifen. Wie könnte das auch sein, eine Ausbildung kann nur in Verbindung mit der Praxis erfolgen und die findet nicht statt. So holt man sich dann eine Blitzschutzfachfirma, welche die Planungen unterstützt und begleitet. Seit Jahrzehnten ist das in der Branche so üblich. Als Äquivalent für diese Leistungen, hat die Blitzschutzfirma dann bessere Projekt-Informationen, um an den Auftrag zu kommen. Das hat dazu geführt, dass heutzutage Aufträge für Blitzschutzarbeiten nur noch über Ausschreibungen zu bekommen sind. Das liegt daran, dass Blitzschutz so komplex ist, dass individuelle Angebote nicht erstellt werden können, weil der Zeit- und Kostenaufwand für individuelle Angebote zu hoch ist und die Kunden nicht bereit sind, den erheblichen Planungsaufwand zu bezahlen, denn jede

Blitzschutzanlag ist ein Unikat, das Gebäude muss sorgfältig besichtigt, die Anlage geplant, die erforderlichen Berechnungen durchgeführt werden, bevor man dann in die Kostenkalkulation eintritt.

Erfreulicherweise hat die Firma Dehn mit ihrem Dehn->Support Blitzschutz< Planungsprogramm ein umfangreiches Hilfsmittel geschaffen, dass laufend verbessert wird. Doch wie heißt es so schön, „Grau ist alle Theorie", das Programm kann fast alles, nur keine Blitzschutzanlagen bauen, das müssen die Monteure vor Ort bewältigen. Natürlich kann man damit umfangreiche Planungen durchführen, doch auf den Baustellen braucht sich nur eine Kleinigkeit ändern, dann heißt es, „Alles auf Anfang", der Montageleiter fängt dann vor Ort an, mit seinem Laptop die gesamte Anlage umzuplanen.

Seitens der Normenausschüsse, wurden meines Wissens nach, keine Umfragen über die gesammelten Erfahrungen mit den neuen Normen bei den Errichter-Firmen, also den Hauptbeteiligten durchgeführt, ich frage mich, wie soll ein gedeihliches Miteinander funktionieren, wenn man die Macher, die diese Branche geschaffen haben und sie mitsamt den Material-Herstellern unterhalten, einfach aus dem Geschehen ausblendet, - ja, überhaupt nicht anhört? Es ist genauso gekommen, wie die alten Blitzer es befürchtet hatten, man ist nicht mehr der Herr im eigenen Haus. Man muss sich von EU-Europa vorschreiben lassen, wie der Blitzschutz zu bauen ist, obwohl doch eindeutig klar ist, dass im EU-Europa sehr wenige Anlagen, in der BRD aber die meisten Blitzschutzanlagen gebaut werden. In vielen anderen EU-Ländern gibt es nicht einmal eine Blitzschutzbranche, wenn sie mir nicht glauben wollen, dann schauen sie sich mal im Urlaub etwas um, wenn sie Glück haben, werden sie eventuell mal eine Uraltanlage auf öffentlichen Gebäuden entdecken, oder einen

völlig unzureichenden Drahtverhau, der die Bezeichnung Blitzschutzanlage nicht verdient. Das ist auch der Grund, weshalb
fast alle EU-Länder „unsere VDE" beinahe unverändert übernommen haben.

Meines Erachtens nach, hat die Dominanz der Wissenschaftler,
der Materialhersteller und auch der Sachversicherer dazu geführt, dass die Norm den Bedürfnissen des Elektronikschutzes
innerhalb der Gebäude, Vorrang vor dem Schutz der Gebäude
substanz bekam. Natürlich wurde die eigentliche Aufgabe des
Blitzschutzes auch erheblich verbessert, aber das Ganze dabei
herausgekommene Paket, verteuert den Gebäudeblitzschutz,
auf das Fünf- bis Zehnfache Kostenvolumen. Klar ist auch, dass
die technischen Gebäudeausstattungen nun besser geschützt
sind, doch zu welchem Preis. Würde man alle Kosten der Elektronikschäden an den Gebäuden mit dem neuen Normen-Blitz-
schutz, - den Schäden an Gebäuden ohne Blitzschutzanlagen ge-
genüberstellen, müsste man wohl erkennen, dass sich der
enorme Aufwand nicht lohnt. Ja, man könnte auch so argumen-
tieren: Als privater Bauherr, spare ich mir den Blitzschutz und
schließe eine gute Elektronikversicherung ab, die mir eventuelle
die Schäden ersetzt, das ist wesentlich billiger. Die Lobbyisten
der Überspannungsschutzindustrie, haben ganze Arbeit geleistet, sie haben es geschafft, dass der Gebäudeblitzschutz so auf-
gerüstet wurde, dass er die Basis bildet, die den Anforderungen
des Überspannung-Schutzes gerecht wird, oder anders gesagt,
die Vorrausetzungen dafür schafft, das Überspannungs-Schutz
überhaupt funktioniert.

Die Pläne für die HVI Leitungen, lagen bestimmt schon in den
Schubladen, als die VDE 0185-305 in einem über zehnjährigen Europäischen Ringen entstand. Jetzt ist man dabei, damit viel Geld
zu verdienen. Indessen gehen immer mehr Errichter-Firmen am
Stock, verdienen schlecht, finden keine Monteure, die bei

diesem Lohnniveau bereit sind die lebensgefährliche, schwere Arbeit zu leisten, die körperlich, athletische Voraussetzungen erfordert und für die meisten Akteure mit 50 Jahren endet. Inzwischen hat auch noch die Elektrobranche einen großen Brocken, nämlich per VDE-Bestimmungen, den Überspannungsschutz an sich gerissen. (Inzwischen müssen alle Elektro-Installationen mit Überspannungseinrichtungen ausgerüstet werden, egal ob ein Blitzschutz vorhanden - oder geplant ist)
So ist dieses Zubrot, wo die Errichterfirmen noch ein wenig Geld verdienen konnten, auch noch weggebrochen. Diese Entscheidung, die an sich ja richtig war, hat man ebenfalls nicht zu Ende gedacht. Der Blitzschutzbau muss auch hier wieder den Reparaturbetrieb machen, weil die Elektrobranche gern diese Geräte einbaut, damit verdient man ja schönes Geld, in der Regel haben aber Elektrofachfirmen vom Blitzschutz keine Ahnung. Die Folge ist, der Blitzschutzbau, findet dann meistens einen falschen, oder unvollständigen Einbau, des gestaffelten Überspannungsschutzes vor und muss in mühevoller Kleinarbeit, den angerichteten Schaden reparieren. Oft treffen die Blitzschutzmänner auch hier auf taube Ohren und können sich bei Architekten, Ing. Büros und Bauherren nicht durchsetzen, wenn sie die „Vorarbeiten" der Elektriker beanstanden. Als einzigen Weg bleibt ihnen ein Vermerk im Prüfbericht, dass der Überspannungsschutz unvollständig ist. Der Vermerk wird dann sehr übelgenommen und obwohl sie recht haben, bekommen diese Firmen nie mehr einen Auftrag. Und das alles, weil die in der VDE 0185-305 geforderte Koordination nicht möglich war oder ist und dadurch ein unvollständiger, nicht richtig angepasster oder unvollständiger Überspannungs-Schutz eingebaut wurde.

Im Moment besteht ja noch ein Bestandsschutz für Altanlagen. TÜV, Dekra und andere Prüfingenieure neigen jedoch dazu, diese Anlagen aufzurüsten. Richtig so, jedoch die Probleme, die damit einhergehen beachtet niemand. Da werden alte Blitzschutzanlagen, meistens nur auf den Dächern umgerüstet, mehr Ableitungen, bessere Erdungsanlagen und zusätzliche Potentialausgleichsysteme werden nicht nachgerüstet, weil das richtige Geld kosten. Dadurch entsteht eine Vermischung der Bestandsanlagen mit den neuen Normen, Ende offen. Nach ein paar Prüfzyklen und der X-ten Beanstandung, werden auch diese Anlagen komplett den neuen Normen entsprechen müssen, wenn sie bei den Prüfern durchgehen sollen. Letztlich weiß auch keiner mehr, wann diese Altanlagen errichtet wurden. Der Trend dazu ist schon in vollem Gange, Jahr für Jahr wird immer mehr beanstandet, die Errichter-Firmen freuen sich über die vielen schönen Aufträge, aber die Besitzer wundern- und ärgern sich kaputt, hatten sie doch schon einmal eine mängelfrei abgenommene Blitzschutzanlage auf dem Dach, was ist denn da passiert? Wieder wird es den Errichter-Firmen überlassen den Besitzern die Sachlage zu vermitteln. Ich kann nur an alle Prüfer von Blitzschutz-Einrichtungen appellieren, schon in ihren Berichten diese Zusammenhänge zu erläutern und darauf hinzuweisen, dass es sich nicht um Beanstandungen, sondern um Empfehlungen handelt, die zwar richtig und gutgemeint sind, die Funktions-Fähigkeit verbessern, aber bei Nichtausführung, keinerlei Folgen seitens der Behörden nach sich ziehen. Dem Normenausschuss empfehle ich, einmal kräftig darüber nachzudenken, wann man dieses Wischi-Waschi, mit einer klaren Terminsetzung zu beenden gedenkt und alle Altanlagen auf den neuesten Stand gebracht werden müssen.

Mit diesem Ausblick beende ich hiermit meine kritischen Normen und Blitzschutz-Betrachtungen. Meine Hoffnung ist, dass man einmal gründlich über meine in langen Jahren erworbenen Blitzschutzerfahrungen, die ich in diesem Büchlein festgehalten habe, nachdenkt, denn ich bin mit meinen 82 Jahren, einer der letzten alten noch lebenden Blitzschutzmänner, denen man mal zuhören sollte, sie haben die meiste Lebens- und Berufserfahrung. Ich wünsche allen Beteiligten viel Glück, vor allem mehr Blitzschutz-Verstand und überlasse es der Nachwelt das Beste daraus zu machen.

Der Autor im Oktober 2021

Blitzschutz

Der kecke, freche Blitz,
Hat in den Wolken seinen Sitz,
Von dort versucht er' s immerzu,
Und lässt uns Menschen keine Ruh.

Volksmund meint, der Blitzableiter,
Hilft bestimmt da auch nicht weiter,
Denn Blitze schlagen immer ein,
Davor rettet uns kein Schwein.

Deshalb bringt man eben dann,
Überhaupt kein' Blitzschutz an,
Man bittet den Sankt Florian:
Verschon mein Haus, zünd andere an.

Doch der moderne Blitzableiter,
Leitet Blitze in die Erde weiter,
Es gibt leider keine Blitz-Abweiser,
Aber fachgerechte Blitzableiter.

Rei©Men

Die Anfänge und Geschichtliches

Mein Onkel Herr Gerhard Lösch, 1917 – 2003, einer der Nachkriegsväter des Blitzschutzes, war vor dem Krieg in den Reichsarbeitsdienst und im Anschluss daran zur Deutschen Wehrmacht eingezogen worden, nach Ende des Krieges stand er wie so viele ohne Beruf da, und hielt sich mit kleinen „Handelsgeschäften " über Wasser, gründete in Halle an der Saale eine kleine Batterie- Produktion und wurde von der russischen Besatzungsmacht mit der Fahrbereitschaft der neu eingesetzten Landesregierung Sachsen-Anhalt betraut. Kurz nach dem Krieg war natürlich alles knapp, und besonders Fahrzeuge und Treibstoffe waren streng rationiert. Diesen Komplex zu organisieren war natürlich eine Sisyphusarbeit, weil man dazu natürlich eine "freie Hand" benötigte, die er aber wegen der gängelnden Überwachungsarbeit des russischen Geheimdienstes nie bekam. Inzwischen hatte er sich mit seiner Frau in Halle eine Wohnung eingerichtet, aber seine Tätigkeit in der Fahrbereitschaft ging nicht lange gut, weil er mit den Russen nicht klarkam.

Sein Vater Alfred Lösch, war schon in den neunziger Jahren des ausgehenden 19. Jahrhunderts in den Deutschen Gewerkschaftsbund und in die Sozialdemokratische Partei eingetreten, auch er selbst hatte mit der „Faust ", auf der Straße gegen die Nazis „demonstriert ". Die Geschäfte, durch die in der schweren Zeit damals viele überlebten, nannte man >Schwarzmarkt<, doch, man hatte den Krieg überlebt und musste nun auch irgendwie am Leben bleiben. Und so schleppte er dann mit einem Freund, Heringseimer aus Blech, von Hamburg aus über die „Demarkationslinie" in die „Ostzone ", so hieß die später berühmt, berüchtigte innerdeutsche Grenze und die DDR damals noch. Der Weg führte meistens über Berlin, dort, und in seiner

Heimatstadt Spremberg >Der Perle der Lausitz < und in der Umgebung verkaufte er seine Ware. Zwei Reichsmark kostete ein Hering, den er in Hamburg für 20 Pfennige einkaufte. Gewinn - bei zwei Eimern, abzüglich den Einkauf und Fahrtkosten mit der Bahn ca. 300 Reichsmark, die allerdings auch nichts mehr wert waren. An der Grenze, die es ja damals offiziell noch nicht gab, sie hieß Demarkationslinie und grenzte den von den Russen besetzten Teil Deutschlands, die spätere Ostzone und DDR, von den drei anderen Besatzungs-Zonen ab, die von den anderen Alliierten Armeen, Amerikaner/Kanadier, Engländer und Franzosen besetzt waren. Das Risiko an dieser "Grenze" von den Russen erschossen zu werden, war natürlich vorhanden, sie hatte damals aber noch so viele Lücken, sodass jede Nacht tausende die Seiten wechselten. Natürlich ging das nicht lange gut, denn in Berlin hatte er in der „Baracke ", so nannte man damals die SPD-Zentrale in Westberlin, Kontakt mit den ehemaligen Genossen und Willy Brand aufgenommen. Dies war natürlich den Russen nicht verborgen geblieben, denn sie hatten überall ihre Spitzel. Eines Tages wurde er auf einem Bahnhof verhaftet, eingekerkert und wegen Spionage zu dreimal 25 Jahren Zuchthaus verurteilt. Von den 75 Jahren - er war 1949 - 32 Jahre alt! saß er je zur Hälfte, fünf Jahre in den berüchtigten Zuchthäusern von Torgau und dem „Gelben Elend ", in Bautzen ab. Nach dem Tode von Stalin 1953, wurde er dann 1954 amnestiert, -wahrscheinlich, weil die Gefängnisse im Osten Deutschlands überquollen und auf eigenen Wunsch sofort in den Westen abgeschoben. Stalin hatte ja bekanntlich um Angst zu schüren, eine Verhaftungsquote in seinem Machtbereich verfügt, und die musste von seinen „Zwangshelfern "erfüllt werden, sonst gingen sie selber ab nach Sibirien, und so verhafteten sie wahllos Schieber, kleine Gauner und meistens denunzierte Unschuldige. Die Abschiebung in den Westen gelang nur, weil seine zwangsgeschiedene Frau inzwischen in den Westen Deutschlands "umgezogen" war. Dazu muss man wissen, dass in der DDR, Ehepartner von verurteilten "Verbrechern", auf Antrag sofort geschieden wurden. Da seine "Kriegsehe " sowieso nur auf dem Papier stand, lies sich seine Frau von ihm scheiden - eigentlich verständlich, bei den 75 Jahren Zuchthaus, so hieß das damals, in denen sie auf ihn hätte verzichten müssen. Nach der Entlassung, fuhren die Amnestierten im Bus nach Friedland in das Übergangslager so vieler „Ostflüchtlinge ", wo man sie registrierte, von den Geheimdiensten befragen ließ, und ärztlich versorgte. Als „Verfolgte des Stalinismus ", wurden sie nun eingestuft und in die Bundesrepublik aufgenommen. Sie bekamen neue Ausweise, ein großzügiges Taschengeld, Ärzte kümmerten sich um sie und versuchten die teilweise irreparablen Schäden, die sie in der Haft erlitten hatten, zu behandeln. Anschließend ging es auf Erholungsurlaub nach Bad Antogast im Schwarzwald, einer speziellen Kur zur Wiederherstellung ihrer Gesundheit. Für all dies hatten ihnen die Behörden ein ganzes Jahr Erholungs- und Neuorientierungszeit zugestanden. Hier lernte er seine spätere zweite Frau kennen, die er ein Jahr später heiratete. Nun das Erholungsjahr ging zu Ende, was konnte er tun? Weil er in der Wehrmacht Panzer- LkW und Krad- Fahrer gewesen war, verdiente er sich an einer Tankstelle etwas Geld, dann besann er sich auf seine Reisetätigkeit mit den Heringen - erkannte wohl auch, dass seine Zukunft im „Geschäfte machen" lag, denn das konnte er ja. Da gab es plötzlich solche wunderschönen Plastiktischdecken für den Küchentisch, die bekamen keine Flecke und man brauchte sie nur abwischen, das war das „Neueste ". Mit den Tischdecken zog er nun übers Land, und verkaufte sie den Hausfrauen. Einkauf eine DM pro Stück, Verkauf 4 DM, Rohgewinn 3 DM, denn er machte ja seine Geschäfte noch zu Fuß und fuhr mit der Bahn in seine Einsatzgebiete. Die Tischdecken gingen reißend weg, innerhalb eines Jahres konnte er sich ein Auto kaufen. Steuern bezahlte er ja noch keine, man drückte damals gegenüber solchen

„Existenz-Gründern" noch alle „Hühneraugen" zu. Eines Tages betrat er in Gutach (Schwarzwald) eine kleine Dorf-Schmiede, Autoschlosserei und Tankstelle, wollte eigentlich zur Hausfrau, aber der Inhaber Herr Moser fing ihn ab, was er denn von ihr wolle, so kamen sie ins Gespräch. Was Tischdecken staunte der - nun ich weiß zwar nicht, wie viele Tischdecken er der Frau Moser verkauft hat, aber der Herr Moser betrieb nebenbei auch noch einen kleinen Blitzschutzbau. Dieser war aus den Anforderungen an das Schmiedehandwerk hervorgegangen, die ja zwei Jahrhunderte lang von Schmiedemeistern nach den Erkenntnissen von Benjamin Franklin gebaut wurden, und viel hatte sich daran auch im Jahre 1956 nicht geändert. Grundlage für die Ausführung und den Betrieb einer Blitzschutzanlage war damals die ABB. (Allgemeine Blitzschutz-Bestimmungen fünfte Auflage) Die meisten Bauteile für die Befestigung und das Verklemmen der Drähte, sowie Anschlussklemmen und Rohrschellen, stellten kleine Betriebe, Eisengießereien und Verzinkungsbetriebe her. Allerdings gab es auch schon Spezialfirmen, wie Dehn in Nürnberg gegr. 1910 und Bettermann Menden gegr. 1911, die Blitzableiter-Bauteile herstellten.

Anno 1752, im oberen Bild sieht man die ersten Versuche:
Die Elektrizität mit einem Drachen einzufangen.

Benjamin Franklin um 1785

Einer der Gründer-Väter der USA, Verleger, Drucker, Schriftstel-
ler, Naturwissenschaftler, Erfinder und Staatsmann, mit einem
Wort ein Universalgenie.

Franklin hatte mit seiner Vermutung recht behalten und bewiesen, dass der Blitz ein elektrisches Phänomen ist. Er ließ im Gewitter an einem Metalldraht einen Drachen steigen und leitete die „Elektrizität", (Spannung) in eine sogenannte Leidener Flasche, die Anfänge der Akkumulatoren und lud die Flasche elektrisch auf. Bei späteren Versuchen soll es tatsächlich zu einer richtigen Blitzableitung gekommen sein, die für einen der Versuchsteilnehmer wohl tödlich endete. Herr Franklin wusste nun, dass die Blitzentladungen elektrischer Natur seien und führte ein berühmt gewordenes Experiment durch, er ließ während eines Gewitters an einer metallisch leitenden Schnur einen Drachen steigen, der dann tatsächlich Blitze auffing und in die Erde ableitete. Franklin gilt seither als Erfinder des Blitzableiters, den er so ganz nebenbei mit seinen Versuchen erfunden hatte. Mit diesem Wissen entwickelte er dann den >Blitzableiter<, wie er ihn logischerweise nannte, mit den wichtigsten Bauelementen die eine Blitzschutzanlage heute noch kennzeichnen, wie den Auffangstangen, Ableitungen und den Erdungen. Benjamin Franklin wurde 1706 in Boston geboren, hatte 14 Geschwister, sein Vater war Kerzenmacher. Mit seiner Frau, Deborah Read, hatte er zwei Kinder. Neben seiner Arbeit als Drucker und Verleger, befasste er sich mit einer physikalischen Arbeit über die Elektrizität, für die er viele Auszeichnungen von Universitäten erhielt. Ab 1775 wurde er Mitglied im Kongress und arbeitete an der amerikanischen Unabhängigkeitserklärung mit. 1787 wählte man ihn zum ersten Präsidenten der Gesellschaft gegen die Sklaverei. Im gleichen Jahr war er Mitunterzeichner der die amerikanische Verfassung und starb hochgeachtet im Jahre 1790 in Pennsylvania.

Der Blitzableiter besteht heute noch aus metallischen Drähten und Auffangstangen, die als Auffang- und Ableitungen auf den Dächern und an den Wänden montiert werden und den

Blitzstrom bis in den Erdboden, oder die in den Hausfundamenten eingebauten Erdleitungen, (Fundamenterder) ableiten. Bei einem Blitzeinschlag entsteht aber auch eine Hochstromstoßspannung, die Teilströme direkt oder durch die elektromagnetischen Felder mittels Induktion in das Gebäude einleiten. Die dabei auftretenden hohen Spannungen, zerstören in der Regel häufig elektrische und die empfindlichen elektronischen Einrichtungen im Gebäude. Durch die auftretenden sehr hohen Temperaturen, kann es zu Bränden und großen Zerstörungen an der Bausubstanz kommen, weil die Feuchtigkeit in den Gebäudestrukturen explosionsartig verdampft und die Mauern sprengt.

Damals wurden an Firsten und exponierten Dachstellen mehr oder weniger hohe Auffangstangen montiert, die mit schmiedeeisernen Stangenmaterialien von ca. 16 mm Durchmesser untereinander verbunden wurden. Die 16 mm Stangen von 3 - 4 m Länge, wurden in Schmieden gefertigt und bei der Montage mit Bleizwischenlagen untereinander verschraubt. Manche Schmiede "verschweißten" sogar die Stangenstücke und die Anschlüsse an die senkrechten Auffangstangen mittels kleinen tragbaren Schmiedefeuern. Dieses Stangenmaterial wurde dann auch ohne Prüf- oder Messstellen als Erdungsanlage in das Erdreich eingelegt. Weil die schmiedeeisernen Stangen sehr viel Kohlenstoffanteile enthielten, überdauerten die Erdungen jahrzehntelang die Korrosion. Später spannte man dann auch Eisen- oder Kupferleitungen und sogar Seile von den Auffangstangen zur Erde, grub diese in den Boden ein und fertig war der Blitzableiter. «Blitzschutzanlagen" nannte man sie erst viel später, als sie zu technisch komplexen Systemen mutierten. Bis ca. 1980 wurden viele dieser „hässlichen Stangen" von den Dächern entfernt, dann erkannte man ihren historischen Wert und beließ sie als Denkmalschutz auf den Dächern.

Das Problem war und ist aber immer noch, einen kontaktreinen Anschluss, also eine gute, elektrisch leitfähige Verbindung zu neueren Blitzschutzleitungen herzustellen, denn die alten Eisenstangen sind immer stark korrodiert, was zu hohen Übergangswiderständen führt, das beeinträchtigt natürlich die Ableitfähigkeit. Diese recht einfachen Blitzableiter, waren eigentlich sehr wirkungsvoll, solange in den Gebäuden noch keine Wasser- und Elektroinstallationen vorhanden waren. Von einem solchen Blitzableiter kann ich folgendes berichten. Es handelt sich um die Evangelische Kirche in 71546 Großaspach, welche erst 1988 eine moderne Blitzschutzanlage erhielt. Bis dato wurde sie von einer schmiedeeisernen Anlage, wie oben beschrieben geschützt. Sie hatte natürlich keinen Inneren Blitzschutz und keinen Potentialausgleich, war aber mit einem großen Abstand zum Dach montiert worden. Jahrzehntelang waren keinerlei Schäden aufgetreten und das obwohl man weiß, dass in den Gewittermonaten in allen höheren Gebäuden mindestens einmal im Jahr ein Blitz einschlägt. Bei einer großen Renovierung erhielt die Ersteller-Firma MS-Blitzschutz Aspach, nur den Auftrag für den Äußeren-Blitzschutz, die Erdung und der Innere-Blitzschutz wurde in Eigenleistung durch den früher bei Siemens tätigen Küster ausgeführt. Noch vor der Prüfung und Abnahme der Anlage wurden bei einem Einschlag große Teile der Elektroinstallation und des Läutewerkes zerstört. Ursache war der vom Turm zu weit entfernte Potentialausgleichs-Punkt und der unzureichende Überspannungsschutz. Seit der Nachrüstung des Potentialausgleichs im Turm und der Erweiterung des Überspannungsschutzes durch die Ersteller-Firma, ist bis zum Jahre 2021 kein weiterer Schaden mehr aufgetreten. Das zeigt uns doch, dass die auf einigen Abstand vom Gebäude montierten alten, 16 mm dicken, gut blitzstromtragfähigen Eisenleitungen und die alten robusten Elektroanlagen, sehr wohl in der Lage waren, Gebäude vor Blitzschäden ganz gut zu schützen, solange man keine weitere empfindliche Elektro- und Elektronik-Technik in das Gebäude einbaute, was hier der Fall war. Erst dann entstanden nach einem Einschlag große Schäden. Doch nun weiter in meiner Geschichte.

Blitzableiter wurden damals noch in edler Handwerkskunst erbaut, das ging so weit, dass man fast alle Verbindungs- und Befestigungsbauteile noch in der Werkstatt des Herrn Moser herstellte, nur die Blitzableiter-Drähte und Bänder kamen aus den Drahtzieh- und Walzwerken. Die Monteure kletterten ohne Sicherungs-Leinen unter Lebensgefahr auf den Dächern herum, richteten den Draht mit einem Handrichteisen aus und gruben die Erdleitungen mit Spitzhacke und Spaten in die Erde ein.

Nun, der Herr Moser war ein tüchtiger Geschäftsmann und dachte sich, wenn der Vertreter Lösch den Frauen Plastiktischdecken "andreht", kann er nebenbei den Männern Blitzschutzanlagen verkaufen, aber die Angelegenheit verlief in der Folgezeit ganz anders, als Herr Moser sich das gedacht hatte. So kamen sie ins Gespräch, und mein Onkel hatte einen Auftragsblock zum Verkauf von Blitzschutzanlagen in der Tasche. Die Preise für eine solche Anlage richteten sich damals nach dem Gebäudeumfang, die Formel für die Kalkulation war auch denkbar einfach. Gebäudeumfang geteilt durch 20 x 250 DM = Verkaufspreis, mein Onkel bekam 20 % Provision und machte nach einiger Zeit der Einarbeitung ein besseres Geschäft mit den Blitzschutzanlagen, so gab er den Tischdeckenverkauf auf, und wurde zum Blitzschutzanlagen Vertreter und gleichzeitig ein ehrlicher Steuerbürger. In den 50ziger Jahren des 20zigsten Jahrhunderts dachte man noch, dass Blitzschutzanlagen nur auf Kirchen, Rathäusern, Aussichtstürmen und sonstigen hohen Gebäuden erforderlich wären. So hatte Herr Lösch schon einige Mühe den dickfälligen   Schwarzwaldbauern   die   Blitzschutzanlagen schmackhaft zu machen, aber, weil immer mal das eine oder andere Bauerngehöft vom Blitz zerstört worden war, konnte er sich dann doch seinen Lebensunterhalt damit verdienen. Doch, so nach und nach, hatte er den Schwarzwald „abgegrast ", und die Gebäude mit den potentiellen Auftraggebern wurden immer weniger, so dachte er sich, gehe ich doch einfach mal ins nächste Wohnhaus, mal sehen ob die auch Angst vor dem Blitz haben, und siehe da, einige Hausbesitzer bestellten Blitzableiter. Dies auch zur Freude und zum Gedeihen der Firma Moser, die inzwischen mit Blitzableitern bessere Geschäfte machte, als mit ihrer Tankstellen-Schlosserei. Herr Lösch merkte dies auch, und wie das so ist, reklamierte er eine Gehaltserhöhung von 20 % auf 30% Provision. Das war wohl auch gerechtfertigt, denn die Reisetätigkeit war ja sehr teuer, außerdem wollte er ja die 10 % auf die Preise aufschlagen. Aber, der Herr Moser war leider stur, wollte keine Zugeständnisse machen, Herr Lösch war ebenso stur, und so ging das Blitzschutzanlagen bauen, einer neuen Phase ihrer weiteren Entwicklung entgegen.

Herr Lösch ließ sich seine eigenen Auftragsbücher drucken, schrieb mal den einen, oder anderen guten Auftrag in seine eigenen Auftragsbücher, immer schön nach dem Prinzip, „die guten ins Töpfchen, die schlechten ins Kröpfchen ". Man schrieb inzwischen das Jahr 1957, der Herr Moser hatte natürlich weniger Arbeit und dem zu Folge Leute „übrig ", die schnappte sich Herr Lösch, gründete eine Blitzschutz-Firma und machte nun das Geschäft auf eigene Rechnung. Natürlich stellte er neue Vertreter ein, schulte einen ehemaligen Kriegskameraden, den Herrn Hans Noack um, und so lief das Geschäft immer besser. Damals gab es noch viele Kriegsheimkehrer, die sich mit dem Verkauf von Kühlschränken und Waschmaschinen ihr Geld verdienten und sich gern mit dem Verkauf von Blitzschutzanlagen, ihr „Haushaltsgeld" aufbesserten wollten.

All diese "verkrachten Existenzen" sammelte er ein und spannte sie vor seinen Karren. 1959 besuchte meine Mutter ihren Bruder in Offenburg, wo er sein Geschäft hatte. Damals bestand dieses Geschäft aus ihm, seiner Frau, zwei oder drei Monteuren und einem Montagefahrzeug, das auf der Straße stand. Ein Büro gab es nicht, dazu musste seine Wohnung herhalten. Die Buchhaltung und die Konzession liefen über einen verstorbenen Elektromeister, dessen Frau er eine kleine Gewinn-Beteiligung gewährte. So konnte er noch ein ganzes Jahr in der Branche weiterarbeiten, dann lief die Konzession aus. Herr Noack kannte einen Elektromeister, den Herrn Günther Eichhorn in Mannheim, der sich auch verändern wollte, und so kam es dann 1958 zur richtigen Gründung der Firma Lösch KG Spezialblitzschutzbau, mit Firmensitz in Offenburg in der Moltkestraße, wo man Büroräume angemietet hatte. In dieser Zeit hatten sich in Baden-Württemberg noch ein paar weitere Blitzschutzfirmen etabliert. Es war die Zeit, da viele Flüchtlinge und Kriegsheimkehrer sich auf den Verkauf, heute würde man sagen den Direktvertrieb von allen möglichen Haushaltsartikeln verlegt hatten, die dann wiederum so ähnlich wie Herr Lösch mit den Blitzschutz-Verkäufern in Berührung kamen, und dann ihrerseits Blitzschutzanlagen verkauften, oder sich in der entstehenden Branche selbständig machten. Die inzwischen anlaufende Häuslebauer-Konjunktur kam ihnen natürlich sehr entgegen, in Karlsruhe gab es die Verzinkerei Englert, die schon einfache Blitzschutz-Bauteile herstellte, die Firma Dehn und Söhne in Nürnberg, die als Elektrofachbetrieb schon 1910 gegründet wurde, sich in ihren Anfängen aber mehr mit der Elektrifizierung des Landes beschäftigte, hatte 1952 angefangen aus den Ruinen des 2. Weltkrieges, ein Spezial-Blitzschutz-Material-Hersteller zu werden. So kam eins zum anderen und ein neuer Gewerbezweig war geboren.

Die weitere Entwicklung

Über die Entwicklung, die zu meinem Eintritt in diese neue Welt des Blitzschutzes führte, habe ich an anderer Stelle berichtet. (BoD und Amazon Verlage: Lebensabschnitte) Meine Mutter besuchte ihren Bruder und berichtete nach ihrer Heimkehr, vom „kolossalen sozialen Aufstieg" ihres Bruders. Weil ich in der ehemaligen DDR-Welt keine Chance für mich und meine Freundin und spätere Frau mehr sah, rief ich ihn aus einer Telefonzelle in Dresden, am „Blauen Wunder" >Stahlbrücke über die Elbe östlich der Stadt < an, und fragte ihn, was er von meinem Besuch bei ihm hielte. Wir verabredeten, dass ich ihn von Westberlin aus und ohne „Stasi-Mithörer" nochmal anrufen würde. So geschah es und eine Woche später, saß ich auf dem Dach und montierte Blitzschutzanlagen.

Die Einlern-Phase war sehr knapp bemessen, ich montierte unter Anleitung von mehr, oder eher weniger erfahrenen Kollegen nur zwei Tage mit, die dann aber nach einer Woche nicht mehr in der Firma waren, dann sagte Herr Lösch zu mir, hier ist eine ABB, die damaligen *Allgemeinen Blitzschutzbestimmungen fünfte Auflage*, das Werkzeug kennst Du ja, und das ist dein neuer Monteur, der Herr Klaus Friese. So zogen wir los, Friese fuhr, denn ich hatte noch keinen Führerschein, den machte ich innerhalb von vier Wochen, kostete damals 150 DM, sie haben richtig gelesen. Die ersten Ergebnisse unserer Bemühungen waren nicht sehr berauschend, nicht, dass wir eine schlechte Arbeit abgeliefert hätten, denn ich war damals schon ein ganz guter, geübter Handwerker. Aber, im Blitzschutzbau muss man den Draht gerade und ansehnlich vom Dach bis zum Boden herunterziehen, also ohne Knicke, Bogen und schiefe Perspektiven. Was der Boss da von mir verlangte, ist mit dem Tapezieren ohne

Anleitung vergleichbar, nun können sie vielleicht erahnen, was ich meine. Unser Trost war - wir hofften, dass der Blitz beim Einschlag das nicht merken würde. Denn damals wurden die Blitzableiter-Drähte fast ausschließlich aus feuerverzinktem Stahldraht oder ziemlich weicher Kupferlegierung gefertigt. Der Stahldraht war so spröde und sperrig, dass man große Mühe hatte ihn erst mal gerade zu bekommen, um ihn dann mit klobigen Richteisen an das Gebäude zu montieren. Dazu muss man wissen, wir hatten noch keine Richtmaschinen und mussten den Draht Stück für Stück und Hand über Hand ausrichten, d. h. gerademachen, eine Sisyphusarbeit. Die Kupferdrähte dagegen waren so weich, dass man sie erst einmal mit dem Auto spannen musste. Dadurch bekamen sie eine härtere Struktur. Nun versuchte man sie sehr vorsichtig auf das Dach hochzuziehen, bis die Drähte aber am Gebäude montiert waren, bekamen sie wieder viele unerwünschte Dellen, Bogen und Knicke, die man wieder begradigen musste. Heutige Blitzableiter-Drähte bestehen aus einer speziell für diesen Zweck gefertigten Aluminium-Knetlegierung mit den entsprechenden Eigenschaften. Kupferdrähte werden ebenfalls mit speziellen Blitzschutzeigenschaften, halb hart gefertigt. Doch seit bei den Gebäuden fast nur noch Titanzinkbleche für Attiken, oder Regenfallrohre Verwendung finden, sind auch die Kupferleitungen aus dem Blitzschutzbau fast verschwunden.

Der nächste Monteur, Franz Gaßner, den Herr Lösch aus Bayern besorgte, hatte schon ein bisschen mehr Erfahrung, von ihm lernte ich viele erforderliche Tricks, die man draufhaben musste, um eine saubere, gerade Leitung montieren zu können. Damals wurden dann auch Draht-Richtmaschinen angeschafft, sodass wir den Draht nicht mehr mit dem Handrichteisen begradigen mussten, leider gab es noch keine Drahthaspeln, so musste der Draht erst einmal auf dem Boden ausgerollt werden, bevor er von Hand durch die Maschine gezogen werden konnte. Das überzeugte mich nicht, denn wenn es regnete, verdreckte der Draht die Richtmaschine mit Schlamm und es ging nichts mehr. Deshalb ging ich zu unserem Dorfschmied in Weier bei Offenburg, denn in diesem Ort hatten wir inzwischen unser Materiallager. Dem Schmiedemeister erklärte ich was wir brauchten und er schweißte mir ein Draht-Abrollgestell zusammen. Kupferdrähte waren aus sehr weichem Material, man konnte sie nicht ausrichten, sondern musste sie spannen, dazu verrödelte man das eine Ende des ausgerollten Drahtes an einem Baum, einem Gartenpfosten, oder einem Gullideckel, auf welchem ein Monteur zum „Beschweren" stand, manchmal flog einem das Ganze um die Ohren, oder der auf dem Deckel stehende Monteur in die Luft. Das andere Ende wurde an der Federaufhängung des Kleinlasters angehängt, denn Anhängerkupplungen hatten solche Fahrzeuge nicht. Dann fuhr man kräftig an und wenn das Fahrzeug durch den Draht abgebremst wurde, gab man noch mal kräftig Gas, der Draht wurde gereckt, wodurch er eine gewisse Härte bekam. Diese reichte aber für eine saubere Verlegung nicht aus, sodass man ihn wie rohe Eier behandeln musste. Damit beim Hochziehen auf das Dach nicht wieder Knicke hineinkamen, hatten wir eine besondere Technik entwickelt. Dazu benötigte man drei Monteure, einer zog oben, der zweite hielt den Draht in der Mitte hoch, der dritte zog hinten zurück und gab den Draht nur langsam frei, sodass er immer schön gespannt blieb. Eines Tages überfuhr ein Radfahrer den Draht, als wir ihn gerade spannten, und wurde vom Rad geschleudert, gottseidank passierte ihm nichts, er rappelte sich wieder auf, schimpfte und fuhr weiter. Überhaupt bestand unsere Ausrüstung nur aus „Handwerkzeugen" im wahrsten Sinne des Wortes, keine einzige Bohrmaschine oder ein Bohrhammer war vorhanden. Die Löcher für Leitungshalter wurden noch mit einem Upat-Bohrmeißel und einem Fäustel eingeschlagen. Den Bohrmeißel musste man bei jedem Schlag mit dem Fäustel eine kleine Drehung weiterbewegen und dann wieder draufschlagen. Dann wurde der Meisel „gelüftet", sodass das Bohrmehl herausfiel. Sie werden fragen, warum ich diesen Vorgang so genau beschreibe, ganz einfach, weil ein Bohrloch im Beton etwa 15 Minuten Arbeitszeit kostete. Sie bekommen ungefähr eine Vorstellung davon, wie damals gearbeitet wurde. Die berühmten Dübel des Herrn Fischer, wurden erst Anfang der siebziger Jahre erfunden, als Ersatz steckten wir einfach zugespitzte Holzzapfen in die Löcher. Das war aber in allen Handwerksbetrieben ähnlich, es gab noch keine Schlagbohrmaschinen und die es gab, waren für diese Zwecke viel zu groß und zu schwer, außerdem fehlte es an geeigneten Widia-Bohrern. Der Materialbaukasten für Anschluss- und Verbindungs-klemmen war miserabel, es fehlte an geeigneten Blitzschutzbauteilen. Um Drähte miteinander zu verbinden, musste man zwei Platten übereinanderlegen und diese mit vier Schrauben verbinden. Bleche konnten nur mit dicken Falzklemmen angeschlossen werden, dazu musste das Blech so schwer verbogen werden, dass es schon einer Sachbeschädigung gleichkam. Für den Anschluss von größeren Metallteilen, wie Stahlträgern, etc. hatte man nur 10 mm Konstruktions-Klemmen, die passten meistens nicht, weil die Eisenteile dicker waren, also wurden vorhandene Stahlbauteile einfach ignoriert und nicht in die Blitzschutz-Anlagen einbezogen. Wie hätten wir sie denn anschließen sollen, wir hatte zwar Kabelschuhe, aber keine Bohrmaschinen oder Schweißgeräte. Rohrschellen für den Anschluss von Wasser- und anderen Rohrleitungen, gab es schon in verschiedenen Größen. Erdeinführungen mussten damals laut *ABB* aus 16 mm massiven Eisenstangen gefertigt sein. Da man vor Ort keinen Schraubstock hatte, musste man sich einen geeigneten Gartenpfosten oder Gullideckel suchen, um sie „fachgerecht" zu biegen, damit sie an Wand- und Haussockel passten. Leitungshalter für die Wandbefestigungen,

Stützen genannt, bestanden grundsätzlich aus 10 mm Vierkannt-
stahl mit Überleger und zwei Schrauben. Für den Anschluss von
Regenfallrohren hatte man fünf bis sechs Sorten Rohrschellen
mit verschiedenen Durchmessern. Für die Befestigung der
Drähte auf dem First, gab es fünf verschiedene Größen von First-
haltern. Man kam auf die „Baustelle ", der erste Blick galt dem
First, welche Größe haben die Firstziegel? Nun wurden die Leitern aufgestellt, d. h. nicht so wie heutzutage, da hat man Schie-
beleitern, damals wurden sie aus zwei- oder vier Teilen zusam-
mengeschraubt und mit zwei Mann hochgewuchtet. Nun klet-
terte der Dachmonteur hoch und prüfte die Firsthalter, passten
sie, Glück gehabt. Oft warf er sie aus Ärger wieder herunter. Die
nächste Serie Firsthalter, die hochgereicht wurde, passte dann
vielleicht. Dann klopfte er mit einem kleinen Meisel, beiderseits
des Firstes den Mörtel raus und setze im Abstand von einem Meter die Firsthalter. Oft mussten die Firste nachgemörtelt, oder
kaputt gegangene Ziegel ausgewechselt werden. Aus dieser Erfahrung heraus kaufte ich einen Zimmermannshammer, mit dessen Spitze die Arbeiten firstschonender durchgeführt werden
konnten. Die wichtigste Erkenntnis, dass zum Blitzschutz ein Potentialausgleich gehört (Verbindung der Blitzschutz-Erdungsan-
lage mit der Elektrobetriebserde, den Wasser- und Heizungsleitungen), war zwar bekannt, wurde aber ignoriert. Die meisten
damaligen Blitzschutzanlagen hatten keinen Potentialausgleich,
weil in vielen Häusern keine Wasser- und Heizungsleitungen vorhanden waren, und auch die Elektroanlagen nur aus Phase und
Null bestanden, also ohne Schutzleiter verlegt waren, ließ man
sowas Kompliziertes einfach weg. Hatte das Haus schon eine
Wasserleitung, so stellten wir einen Potentialausgleich meistens
an einer Außen-Wasserleitung her. Wir hatten eben keine
Schlagbohrmaschinen um ein Loch durch die Wand zu bohren.
Viele Besitzer meinten nun, dass, wenn man die Wasserleitung
mit dem Blitzschutz verbindet, würde im Moment eines Blitz-

Einschlages der Wasserhahn unter Strom stehen. Wasserhähne waren in vielen Häusern nur einmal vorhanden, oft holte man das Wasser an einem Brunnen oder an einer Hand-Wasser-pumpe. Ob man an einer Wasserleitung keinen Stromschlag be-kommen würde, wussten wir auch nicht so genau zu erklären, denn fast alle Blitzschutzleute dieser Zeit waren >learning by doing< Aspiranten, die wenigsten hatten eine Ahnung von Elekt-rotechnik und vom Blitzgeschehen.

Langsam wurde es immer dringender und erforderlich, die Mon-tagewagen besser einzurichten. Herr Eichhorn, der neue Elekt-romeister der Firma und ich nahmen uns das vor, wir bauten rechts und links in die Wagen Regale ein, sodass man die Mate-rialien besser aufbewahren und vor allem finden konnte. Ohne eine Aufforderung erhalten zu haben, ging ich regelmäßig am Samstag früh ins Büro, um mit Herrn Eichhorn den Montage-Ein-satz für die nächste Woche zu planen, so lernte ich das Ge-schäftsleben auch gleich von der Büroseite her kennen. Inzwi-schen lief die Bauwirtschaft und das Häusle bauen groß an, die Aktivitäten der Blitzschutz-Vertreter richteten sich nach und nach auf diese Zielgruppe aus und so begannen die goldenen Jahre, in denen aus dem Blitzschutzhandwerk eine Blitzschutz-branche wurde. Es gab plötzlich Baustelleninformationsdienste, man konnte nun sehen wo neue Häuser gebaut wurden, die Ver-treter versuchten nicht mehr, nur die alten bestehenden Häuser mit Blitzschutzanlagen zu beglücken, sondern konzentrierten sich mehr auf den Neubausektor. Dreiviertel der Auftragsein-gänge wurden damals noch mit Vertretern gemacht, die den Leuten die Blitzschutz-Anlagen, mehr oder weniger "auf-schwatzten". Die Ausnahme bildeten die gelegentlichen Blitz-einschläge in Gebäude mit größeren Schäden. Stand so etwas in der Zeitung, stürzten sich alle „Drücker" in diese Gemeinden, und verkauften was die Auftragsbücher hergaben. Der größte

Reibach wurde s. Z. in der deutschen Exklave Büsingen, an der Schweizer Grenze gemacht. Dort hatte in einer Nacht der Blitz in vier Bauerngehöfte eingeschlagen, ein Hof war komplett abgebrannt, drei weitere wurden schwer beschädigt. Unsere Vertreter fielen über das Dorf Büsingen her, anders kann man es nicht bezeichnen, und verkauften innerhalb von vier Wochen ungefähr 30 bis 40 Blitzschutzanlagen. Die Konkurrenten ärgerten sich schwarz, weil sie es nicht rechtzeitig mitbekommen hatten. Diese Situation bedingte einen Sondereinsatz meinerseits. Inzwischen war die Firma größer geworden und verfügte über fünf Montagefahrzeuge. So schnappte ich mir gleich drei Montagewagen, sowie sechs Monteure und leitete die dortigen Blitzschutzarbeiten. Mit einem der Fahrzeuge, schaffte ich das Material durch den Schweizer Zoll und über die Grenze. Wir hatten gut verdient und unsere Kunden waren auch zufrieden, nun vor dem bösen Blitz geschützt zu sein.

An vielen Neubauten, für die wir einen Montageauftrag hatten, waren die Baugruben um die Kellerwände noch offen, dadurch konnten wir uns die Grabarbeiten für das Einlegen der Erdleitungen sparen, wenn wir die Erdringleitungen in die offenen Baugruben verlegten. Diese Arbeiten hatte ich inzwischen übernommen. Für den Potentialausgleich, steckte ich gleich eine Anschlussleitung in den Keller. Gleichzeitig überwachte ich die Baustellen, und prüfte, wenn ich die Gegend befuhr, ob die Anlagen gebaut werden konnten, dazu war es erforderlich, dass die Dächer und die Dachaufbauten fertiggestellt waren. Weil man nicht immer überall herumkam, hatten wir einen Rückantwortdienst organisiert. So konnten die Bauherren uns über den Baufortschritt ihrer Gebäude, Mitteilungen machen. Für die Auftragsbeschaffung und das Vertreterwesen war Herr Lösch zuständig, er betreute diese Mitarbeiter, beriet sie, machte mit ihnen die Abrechnungen, finanzierte ihre Autos, klärte

Streitigkeiten, die sie zwangsläufig untereinander hatten, weil sich jeder bemühte, so schnell wie möglich die Neubaugebiete und die potentiellen Kunden zu besuchen. So kam es oft vor, dass mehrere Vertreter die gleichen Kunden besuchten, einer hatte schon den Kontakt hergestellt und der Nächste schrieb dann den Auftrag, aber beide wollten die Provision haben. Dadurch gab es auch für ihn eine Menge zu klären und zu bearbeiten. Ein paar ganz Schlaue holten sich dann das Adressmaterial direkt beim Baustellen-Informationsdienst ab. Wenn dann die anderen zu den Häuslesbauern kamen, war schon alles „abgegrast ". Manchmal hatte er es auch mit „schrägen Vögeln " zutun, die „Ihre Aufträge "abends in der Kneipe selber unterschrieben, oder von anderen betrunkenen unterschreiben ließen. Oder noch schlimmer, die Adressen aus Adressbüchern oder von den Grabsteinen abgeschrieben hatten, wir nannten sie dann >Friedhofsaufträge<. Manchen Hausbesitzern wurden auch die Aufträge „aufs Auge gedrückt", daher der Ausdruck „Drücker", die wollten überhaupt keinen Blitzschutz haben, wurden aber dazu genötigt. Kamen dann unsere Monteure an die Baustellen, wurde die Annahme verweigert, so gab es eine Menge Komplikationen und die ganze, gerade entstehende Branche kam in Verruf, denn damals gab es natürlich noch keine AGB (Allgemeinen Geschäftsbedingungen) oder Rücktrittsfristen, man hatte unterschrieben und musste dazu stehen. Viele dieser nun hochtrabend „Außendienst-Mitarbeiter" genannten, waren unseriös, kratzten immer am Existenz-Minimum herum, oft musste Herr Lösch ihre Fahrzeuge finanzieren und sie waren selten in der Lage das vorgestreckte Geld zurückzuzahlen, obwohl sie von jedem Auftrag den sie "geschrieben" hatten, 30% bis 35 % Provision erhielten und das sofort und im Voraus und bevor die Arbeiten ausgeführt worden waren. Trat dann ein Kunde vom Auftrag zurück, musste der Vertreter natürlich die Provision zurückzahlen. Überhaupt stand damals dieses ganze

Geschäft auf tönernen Füßen. Weil ja kaum jemand ein Girokonto hatte, bezahlten die Kunden oft mit TZ-Verträgen (Teilzahlungsverträge), was damals bei solchen Geschäften üblich war. Diese TZ-Verträge bekamen die Monteure zur Unterschrift beim Kunden mit. Dann wurden sie bei der Hausbank eingereicht und der Firma wurde der Betrag gutgeschrieben. Weil die Monteure Inkassovollmachten hatten, mussten sie mit den Kunden zur Bank fahren, die dann vom Sparbuch Geld abhoben, um die Anlage zu bezahlen. Wenn das auch nicht ging, weil sie kein Geld hatten, unterschrieben sie drei Wechsel gleichzeitig, die dann bei der Bank eingereicht wurden. So bekam die Firma gleich dreimal den vollen Rechnungsbetrag gegen Zahlung der Prolongations-Gebühren auf ihrem Konto gutgeschrieben. Jeweils nach drei Monaten, wenn die Wechsel fällig waren, wurden sie dem Konto der Firma wieder belastet. Man konnte nur hoffen, dass die Kunden inzwischen wenigstens einmal bezahlt hatten. Natürlich waren diese Praktiken bei vielen Existenz-Gründern üblich, weil sie anders nicht in den Besitz von Betriebsmitteln kommen konnten. Im allgemeinen Sprachgebrauch nennt man diese Vorgehensweise auch Wechselreiterei. Doch die Banken wussten davon und tolerierten es, weil sie mit diesen miesen Geschäften gute Gewinne machten.

Unsere Monteure waren natürlich entsprechend geschult und versuchten sich mit den Leuten gütlich zu einigen. Damals waren in der Branche Geschichten im Umlauf, dass sich die Fußnägel umbogen. Mancher geprellte, soll die Hunde auf die Monteure gehetzt haben. Von Monteuren erzählte man, sie seien von hinten mit einer Leiter auf das Dach gestiegen, während vorn noch über die Annahme der Anlage verhandelt wurde, montierten sie schon mal los, der Kunde holte daraufhin sein Spatzengewehr, (Luftbüchse ") und schoss nach oben, so musste man wieder abziehen. Diese Dinge passierten bei allen

Blitzschutzfirmen, und man erzählte sie in der ganzen Branche herum, ob das alles Wirklichkeit oder Legende war, sei dahingestellt. Bedingt durch den Bauboom, tummelten sich in der Branche immer mehr halbseidene Elemente und auch richtige Gauner herum, die die ganze, an sich seriöse Branche in Verruf brachten. Letztendlich gruben sie sich mit ihren Machenschaften, langsam aber sicher ihr eigenes Grab, indem sie immer weniger Blitzschutzanlagen verkauften, denn es hatte sich herumgesprochen, was für Typen da unterwegs waren.

Mein Vorgesetzter, der Herr Eichhorn, hatte mich mit seiner Urlaubsvertretung beauftragt und so wurde ich plötzlich eiskalt erwischt. Ich saß an seinem Arbeitsplatz, und musste ohne größere Kenntnisse des logistisch- kaufmännischen Bereiches seine Arbeit machen. Da inzwischen viele Architekten Blitzschutz-Ausschreibungen für private Bauherren, Betriebs-Neubauten, Städtische- und Gemeindebauten machten, sollte ich auch die Leistungsverzeichnisse für den Blitzschutz kalkulieren. Wie macht man das, fragte ich ihn? Ja, sagte er, da schaust du in den Dehn Materialkatalog, nimmst die doppelten Einkaufspreise und setzt sie in die Ausschreibungspositionen rein. Wie, was, das konnte doch nicht wahr sein; so fragte ich unsere Sekretärin, Frau Hannelore Hube, die brachte mir ihr >Kaufmännisches Rechenbuch< von der Berufsschule mit, und dann lernte ich im Selbststudium das Kalkulieren. Learning by doing, würde man heute sagen, dies war für mich dann auch der Auslöser in einer Privatschule eine kaufmännische Ausbildung mit Buchhaltung, Bilanzwesen und Abschluss zu machen. Anscheinend hatte ich meine Urlaubs-vertretung so gut gemacht, dass ich von nun an diese Position behielt, ich war nun Schreibtischtäter geworden. Herr Eichhorn, der aus Hockenheim stammte, kümmerte sich um die inzwischen in Wiesloch entstandene Blitzschutz-Filiale der Firma Lösch. Diese Tätigkeit schien ihn aber nicht zu befriedigen, ich merkte es bald, weil seine Leistungen für die Firma Lösch KG immer schlechter wurden. Es kam zur Aussprache mit unserem Chef Herrn Lösch, was zur Folge hatte, dass Herr Eichhorn aus der Firma ausschied und sich in seiner Heimatstadt Hockenheim in der Blitzschutzbranche selbständig machte, diesen Betrieb führt heute noch sein Sohn, doch davon später mehr.

Einer der besten Fachleute die wir im Betrieb hatten, war ein Vertreter, er hieß Rudolf Stößer aus Karlsruhe, er befasste sich nicht mit diesem Kleinkram, er drehte das große Rad, indem er die Bauämter in den Städten bereiste. Er konnte die *ABB* auswendig hersagen, und zwar jeden Paragraphen, jedes Wort, und auf welcher Seite was geschrieben stand. Er wusste immer genau Bescheid, kannte alle Mitarbeiter in den Ämtern, und da inzwischen viele durch Kriegseinwirkungen zerstörte Gebäude wiederaufgebaut wurden, erhielt er natürlich die großen, dicken Aufträge. Das waren manchmal Summen zwischen 20- 40.000 DM. Gleichzeitig überwachte er „seine Baustellen", wies die Monteure ein, ohne ihn durfte niemand mit der Arbeit anfangen. Er war damals unser bestes Pferd im Stall, verdiente „zu viel Geld", wurde langsam immer dicker und bequemer, doch davon später. Die Firma Lösch hatte noch so einen Goalgetter, einen ehemaligen Jagdflieger, den Herrn Elektroingenieur Hans Kaufmann, der befasste sich nur mit der Firma Hertie, da saß er ganz dick im Geschäft drin, er machte nur Aufträge von dieser einen Firma und das bundesweit. Wir fuhren inzwischen bis nach Mainz, nach Frankfurt und Stuttgart um diese Anlagen zu bauen. Hertie baute damals sehr viel, das Problem war nur, auch bei Blitzschutzanlagen müssen die Arbeiten mit dem Baufortschritt ausgeführt werden und das bedingt viele Anfahrten. Als wir dann bis nach Hamburg sollten, kam es zum Bruch, weil wir bei diesen Entfernungen nichts mehr verdienen konnten. Kurzerhand machte sich Herr Kaufmann selbständig und baute sein

Blitzschutzleben lang für die Herti-Kauhäuser die Blitzschutz-Anlagen, reparierte und prüfte sie, bis er dann nach vielen Jahren, ich war damals schon Geschäftsführer der Firma Lösch geworden, bei mir anrief. Er wollte sich zur Ruhe setzen und uns wieder die Herti-Betreuung übergeben. Wir setzten uns zusammen, besprachen die Übernahme, die dann reibungslos von statten ging. Solange ich dort Geschäftsführer war, bekam er eine angemessene Provision aus diesen Geschäften, auch weil er die Kontakte zur Herti-Geschäftsleitung -aufrechterhielt.

Herr Stößer bekam den wohl in der damaligen Zeit größten Blitzschutzauftrag vom Hochbauamt Karlsruhe, die Erstellung der Blitzschutz-Anlagen am Neubauprojekt der Eichelbergkasernen in Bruchsal über 100.000,00 DM, die wir zur Zufriedenheit des Bauleiters Herrn Riffel abarbeiteten. Natürlich bekam die Firma Lösch auch auf Grund meiner Angebotsabgaben bei Ausschreibungen jede Menge Aufträge und zwar in Millionenhöhe, so waren wir an einem Punkt angelangt, der eine Neuorganisation erforderte, wir konnten so nicht „weiterwursteln ". Zunächst setzte ich die erfahrensten Monteure in der Großbaustellen-Betreuung ein. Sie bekamen ein kleineres Montagefahrzeug und klapperten alle Baustellen ab, nur um die Bauvorbereitungsarbeiten durchzuführen, genauso wie ich damals mit der Verlegung der Erdleitungen in die Baugruben angefangen hatte. Die Aufgaben waren nur vielfältiger geworden. Ab 1960 war der Fundamenterder mit PAS (Potential-Ausgleich-Schiene) für alle neuen Gebäude, als Betriebserde für die Elektroinstallation vorgeschrieben worden. Natürlich nutzten wir den Fundamenterder gleich für die Erdung von Blitzschutzanlagen, indem wir Anschluss-Fahnen aus dem Fundament nach außen zogen, um unsere Blitzschutz-Ableitungen daran zu erden. Diese Anschlussfahnen, die damals auch von den Baufirmen für Blitzschutzerdungen eingebaut wurden, legte man nach außen ins Erdreich.

Nach ein paar Jahren waren sie verrostet. Wie wir ja heute wissen, entsteht ein galvanisches Element, dass die verzinkte Anschlussfahne, welche die Kathode bildet aufzehrt. Wir schrieben aber das Jahr 1970 und holten die Fachleute unseres Lieferanten von Felten und Guillaume an die Baustelle. Die beriefen sich auf die errechneten Korrosionswerte für Bandstahl im Erdreich, also durfte das Band eigentlich nicht korrodiert sein, war es aber doch. Zunächst konnte sich diesen Vorgang niemand erklären. Heute wissen wir, dass ein im Beton verlegter Stahl in der Spannungsreihe der Elemente, sich wie Kupfer verhält, deshalb verlegt man heutzutage diese Anschlussfahnen in V4A Stahl, der sich in der Spannungsreihe annähernd wie Kupfer verhält.

Da auch immer mehr Stahlbeton in Gebäuden verbaut wurde, kamen wir auf die Idee, die Ableitungen für den Blitzschutz gleich in die Beton-Stützen und Wände mit einzubetonieren. Wir betonierten dann natürlich auch die Anschlußfahnen gleich mit ein und führten sie wegen der Trennstellen am Sockel nach außen. Denn die Trennstellen waren ja in Bodennähe von der ABB vorgeschrieben, also mussten sie da auch sein. Dann betonierte man den Ableitungs-Draht wieder in den Beton bis zum Dach hinauf ein. Als mal an einer Ableitung eine der unten herausgeführten Leitungen fehlte, machte ich mit einer ohmschen Widerstand-Durchgangsmessung, den zwischen der Erdungsfahne unten und dem oben auf dem Dach herauskommenden Draht die Entdeckung, dass das Messgerät 0,1 Ohm anzeige. Nun klemmte ich das Messkabel an die danebenstehenden Armierungsstäbe. Das gleiche Ergebnis 0,1 Ohm. Jetzt nahm ich einen Hiltihammer und legte unten neben der Fundament-Fahne die Armierung frei, schloss mein Messgerät an der Armierung an. Wieder das gleiche Ergebnis 0,1 Ohm. Nun schweißte ich für den Prüfer einen kurzen Draht zur Messstelle an und baute diese ein. Von dem Zeitpunkt an betonierten wir die Ableiter von

Fundamenterder bis zum Dach hoch in einem Stück ein. In Höhe der Trennstellen wurden Pseudo-Trennstellen in Form von zwei kurzen Drähten aus dem Beton herausgeführt und für den Prüfer mit einer Trennstelle verbunden. Kurze Zeit später, ABB 7. Auflage waren dann einbetonierte Ableitungen ohne Trennstellen in Bodennähe erlaubt und wir konnten die Pseudo-Trennstellen weglassen. Natürlich waren wir wieder mal im süddeutschen Raum Vorreiter für diese Ausführungsart gewesen. Ich gab natürlich unsere Erfahrungen an den ABB weiter, aber auch im Normenausschuss muss es wohl bei jemand geklingelt haben, denn mit einer so schnellen Reaktion wäre normalerweise nicht zu rechnen gewesen.

Die >Kundendienst-Monteure < hatten nun vielfältige Aufgaben zu erfüllen, mussten ständig die Baustellen anfahren um diese Bauvorbereitungsarbeiten durchzuführen. Nach Monaten war es dann soweit, die Dachdecker waren fertig, endlich konnten wir den Blitzschutz auf den Dächern fertigstellen. Herr Lösch kümmerte sich weiter um die kleinen „Wohnhaus-Vertreter-Geschäfte", ich versuchte ihm klarzumachen, dass das ein Auslaufmodel sei, denn die „Drücker-Kolonnen" des Blitzschutzes hatten nur verbrannte Erde hinterlassen, es ging nichts mehr - schlimmer noch, es wurde zum Zusatzgeschäft, dies sah er aber nicht ein. Ständig kritisierte er meine Kundendienst-Monteure, wie wir die Ein-Mann-Truppen nannten, wir hatten inzwischen vier, oder fünf die nur von Baustelle zu Baustelle trabten, um Fundamenterder zu legen, Ableitungen in die Betonstützen einzulegen, Vorbereitungs- und Restarbeiten auszuführen. >Was machen die für einen Umsatz <, bellte er, >kann ich nicht sagen, hab keine Zeit das im Einzelnen auszurechen, ich sehe nur, dass jeder in der Woche 40 oder mehr Baustellen anfährt <. >Du bist auch nur noch unterwegs, du musst hier im Büro sein<, > ich weiß, aber wir haben nun mal so viel Arbeit und leider kein

Bürogeschäft, sondern eine Montagefirma, die verlangt Präsens beim Kunden, wenn du wissen möchtest, was wir draußen machen, dann fahre bitte mal ein paar Tage mit mir herum, zu den Vergabeverhandlungen, den Baustellenbesprechungen und zu den Ingenieur Büros, die wir zu beraten haben <. Der gute Chef wusste überhaupt nicht mehr, was da in seiner Firma ablief, die Zeit hatte ihn überrollt, aber sein unerschütterliches Selbstbewusstsein verlangte nach Bestätigung. Ich hatte inzwischen einen Angebotskalkulator, eine Zeichnerin, einen der die Rechnungen vorbereitete, einen, der nur den Einsatz der Kundendienst-Leute koordinierte. Alle zusammen steuerten wir die Termine, kümmerten uns um die Monteure, das Lager, die Bauplanung und den Einsatz der Montagefahrzeuge, kehrten am Samstag auch noch den Hof und holten die Montagewagen aus der Werkstatt, wo damals noch samstags Reparaturarbeiten gemacht wurden. All dies erforderte den vollen Einsatz aller Beteiligten. Im Büro saß noch der Buchhalter mit seiner Sekretärin und machte das Rechnungswesen. Vier weitere Damen schrieben auf den Schreibmaschinen Korrespondenzen, Werbeschreiben, Angebote und Rechnungen, was die Finger hergaben. Computer gab es noch keine, jedenfalls nicht für unsere Größenordnung.

Weil ich mit dem Außendienst Schwierigkeiten hatte, ich kam einfach nicht mehr hinterher, setzte ich durch, dass unsere Arbeitsgebiete in Postleitzahlen-Bereiche aufgeteilt wurden. Diese wurden unseren Außendienstmitarbeitern zugeteilt, denn so hießen nun die ehemaligen Blitzschutzvertreter, jedenfalls jene die als seriös eingestuft, nun diese Arbeitsbereiche zugeteilt bekamen. Zwei weitere Außendienstleute wurden auf mein Verlangen hin, eingestellt. Herr Schuster wurde von mir persönlich im Großraum Stuttgart eingearbeitet, das ging nicht anders, weil ich dieses Gebiet bisher betreut hatte. Ein weiterer guter Mann, der Herr Marschner kam von der Konkurrenz (Süddeutscher Blitzschutzbau Gottmadingen) zu uns und betreute das Bodenseegebiet. Später machte er sich in Gottmadingen selbständig. Für den Bereich Karlsruhe Pforzheim, war Herr Stößer vorgesehen, er sollte aber wegen seines fortgeschrittenen Alters einen Assistenten erhalten, dies lehnte er rundum ab und beanspruchte das ganze große Gebiet zwischen Stuttgart und der Pfalz für sich allein, da man sich nicht einigen konnte, ging Stößer dann zur Konkurrenz, zu Herrn Eichhorn nach Hockenheim. Wir setzten unseren besten Mann in dem frei gewordenen Gebiet ein, erzielten mit unserer „neuen Arbeitsweise" den vielfachen Umsatz wie Herr Stößer, aber den Boden dafür hatte er bereitet, dafür möchte ich ihm posthum danken, denn wir hatten sehr viel vom ihm gelernt.

Da ich für die Einrichtung der Montagewagen der Fachmann geworden war, kaufte ich nur noch sogenannte Doppel-Kabiner, in welchen ich dann Schlafmöglichkeiten für die Monteure einrichtete, so sparten sie viel Geld für Hotels- und Pensionen. Der nächste Schritt, sollte die Anschaffung von zunächst einem Wohnwagen sein, den hätte man an Großbaustellen, z. B. am ZDF-Sendezentrum Mainz-Lerchenberg, Auftragswert 200.000 DM aufstellen können und dadurch viel Zeit und Geld sparen können. Dies lehnte Herr Lösch jedoch ab, er meinte man solle die Monteure nicht zu sehr verwöhnen. Eine klassische Fehlentscheidung, wie man heute weiß, die sich auf lange Sicht bei einer Bundesweit agierenden Blitzschutzfachfirma zur Katastrophe entwickeln kann, und auch hat. Denn ein moderner Betrieb muss sich heutzutage um das persönliche Wohlbefinden seines Personals bemühen, ganz besonders in einer Blitzschutzfirma, wo die Monteure die ganze Woche auf Montagetour unterwegs sind, und jeden Tag eine, oder mehrere Baustellen anfahren, wird der Aufwand für die immer wieder neu zu suchenden

Übernachtungs-Möglichkeiten und das „Essen beschaffen ", zum Zeitproblem. Wenn man davon ausgeht, dass jeden Tag im Durchschnitt zum Anfahren der verschiedenen Baustellen, zwei bis drei Stunden benötigt werden, die ja eigentlich Arbeitszeit sind, welche von den damals gesetzlich vorgeschriebenen 38 Wochen-Arbeitsstunden abzuziehen sind, verbleiben jeden Tag nur sechs Baustellenstunden, weitere Stunden werden vergeudet, um Übernachtungen zu suchen. Daraus ergibt sich die Konsequenz, dass für eine bundesweit agierende Blitzschutz-Firma ein 7,5 t Fahrzeug, mit Werkzeug-Material und Wohntrakt die einzige Lösung des knappen Zeitproblems darstellt.

Seiner Zeit hatten wir in jedem Wagen nur das Nötigste an Werkzeugen, d.h. Richtmaschinen, Drahthaspeln, später eine kleine Upat-Schlagbohrmaschine, Pickel, Spaten und Schaufeln, sowie Bolzenschneider und Kleinwerkzeuge, Richteisen, Hammer, Zange, Schraubenschlüssel usw. Die für die Erdungen erforderlichen Kreuzerder, wie man sie heutzutage immer noch zur Erdung von Baustromzählern benötigt, wurden mit einem Vorschlaghammer in das Erdreich eingetrieben. Man kann sich kaum vorstellen, unter welchen Bedingungen die Monteure in den Anfangsjahren arbeiten mussten. Es passierten auch viele Unfälle und Beinahe-Unfälle. Wie schon weiter oben erwähnt, ist Blitzschutzbau ein äußerst gefährlicher Beruf. Solange nicht allzu viel Schnee auf den Flach-Dächern lag, wurde weitergearbeitet, auch bei Schneetreiben und starkem Frost. Bei einem Betrieb in Süddeutschland stürzte ein Monteur durch ein Kunststoff-Oberlicht tödlich ab. In einem anderen Betrieb kam ein Monteur durch einen nicht abgeschalteten Fahrstuhl zu einem Beinahe-Unfall. Der Hausmeister hatte von den zwei Doppelaufzügen nur einen außer Betrieb gesetzt. Die Monteure arbeiteten aber in beiden Schächten.

Bei Lösch stürzte ein Monteur bei Glatteis vom Dach und war zeitlebens querschnittgelähmt. Ein anderer stürzte ein paar Meter von einer Dachleiter am Kirchturm ab, bis ihn die Sicherungsleine auffing, trotzdem verletzte er sich erheblich. Ein beinahe tödlich verlaufener Unfall passierte, als zwei Monteure den Blitzableiter-Draht, über eine angebaute 20 kV Trafostation hochzogen und der Draht in die stromführenden Leitungen geriet. Der eine fiel vom Dach und hatte einen Schädelbasisbruch erlitten, der andere der auf einer Wiese stand fiel bewusstlos um. Beide Monteure überlebten wie durch ein Wunder.

In meiner eigenen Firma gab es nur einen Montageunfall, als eine Leiter umfiel und sich der Monteur beim Sprung nach unten den Knöchel brach. Ein anderer verunglückte auf der Heimfahrt mit dem Montagewagen, auf der Autobahn tödlich. Obwohl niemand daran schuld war, die Unfallursache konnte auch nicht ermittelt werden, erzeugt so ein Ereignis einen tiefsitzenden Schock in einer Firma, der den ganzen Betrieb für viele Wochen total lähmt.

Die Montage von Blitzschutzanlagen auf Kirchtürmen und vielen höheren Gebäuden, erfolgte damals nur mit Seil und Haken, mit Dach- und Strickleitern. Da hing man dann in 20 ober 40 Meter Höhe mit der Sicherungsleine auf der Strickleiter. Die Sicherungsleine musste man immer wieder neu „verlängern", weil es keine Fallstoppeinrichtungen gab. Man schleppte natürlich das ganze Material, das man zur Befestigung des Drahtes benötigte und auch das Werkzeug von oben bis nach unten mit. Der Draht hing neben der Strickleiter, oben am Turmhelm wurde er ohne Senkblei freihändig, mit Augenmaß montiert. Weiter unten wurde dann, an einer gespannten Schnur entlang montiert. Die Löcher für Leitungshalter mussten mit dem Fäustel und einem

Upat-Bohrer von Hand eingeschlagen werden. Bei jedem Hammerschlag schwang die Leiter von der Wand weg oder drehte sich seitlich, obwohl sie unten stramm gespannt wurde. Nach ein zwei Stunden musste der Mann auf der Leiter dann ausgetaucht werden, weil seine Kraft nicht durch die Arbeit, sondern durch die erforderliche Körperspannung erschöpft war. Was heute mit einer Hubarbeits-Bühne in ein paar Stunden erledigt ist, dauerte damals an einem Kirchturm drei bis vier Tage. Ich frage mich heute noch, wie wir eventuell einen Verletzten runterbekommen hätten?

Mir selber zerbrach eine, am Dachhaken eingehängte Dachleiter, ich rutschte mit ihr übers Dach nach unten, bekam aber die Sicherungsleine noch zu fassen, bevor ich über die Dachkannte fiel. Bei der Firma Boehringer in Mannheim, ein Chemieriese, waren die Gebäude drei Stockwerke hoch. Dort stellten wir eine sehr lange Leiter an die Wand, um eine Wandableitung zu montieren, dabei beschädigten wir ein Kunststoffrohr. Von oben kam ein Nieselregen herunter, plötzlich kribbelte es auf der Haut. Ich sagte zu dem Mitarbeiter: Komm schnell, wir rennen in die Dusche. Gottseidank wussten wir, wo sie sich befanden und stellten uns mit voller Montur eine Viertelstunde lang unter die Dusche. Dann kamen sie angelaufen, die Leute von Sicherheitsdienst und beglückwünschten mich, zu der schnellen und richtigen Maßnahme und meinten, das hätte bös ausgehen können. Ich sagte nur, sie hätten uns warnen müssen, dass sich da oben Rohleitungen mit so gefährlichen Säuren befinden. Der absolute Hammer passierte dann, als wir die Erdungen einbauten. Um jedes Gebäude verliefen Abwasser-Sammelrinnen, die wir mit Drähten queren mussten. Wir besorgten uns eine Schweißgenehmigung, denn die Gitterroste, die über den Wasser-Rinnen lagen, sollten mitverbunden werden. Dann passierte es:

Beim ersten Lichtbogen, explodierte die undefinierbare Chemie-Mischung aus Lösungsmitteln und Abwässern in der Rinne und das Gebäude stand innerhalb von fünf Sekunden in Flammen. Der Brand setzte sich in der Rinne schlagartig fort, doch dann war wohl der brennbare Anteil an der Suppe verbraucht und die Flammen fielen zusammen.

Die Kreuzerder wurden nur von geübten Monteuren in den ausgehobenen Graben gestellt und mit einem Vorschlaghammer ins Erdreich eingetrieben. Oft geht dabei ein Schlag gefährlich daneben, oder der Hammerstiel bricht, wenn man mit dem Hammer den Kreuzerder nicht genau auf dem Kopf trifft. Als dann die von der Firma Dehn schon um 1958 entwickelten Tiefenerder aus 20 mm Rundmaterial dafür verwendet wurden, waren die Gesellschafter der Firma Lösch nicht willens, die dafür benötigten Rammgeräte anzuschaffen. Das war wohl auch der Grund, warum diese genialen, Kosten sparenden Erder nicht früher zum Einsatz kamen. Man hatte damals noch keine geeigneten Rammgeräte, um die Erder eintreiben zu können, aber jetzt gab es sie. Nun, wir hatten noch ein paar Boschhämmer, die aus der Ära der Mauertrockenlegung stammten, diese Geräte waren für die Arbeiten aber zu schwach, ich baute sie trotzdem so um, dass man ein paar Erder nacheinander in das Erdreich eintreiben konnte. Das funktionierte in den Sand- und Kiesböden der Rheinebene ganz gut, trafen wir aber auf härtere Gesteinsarten, ging nichts mehr. Nach langen Diskussionen mit den Herren von der Geschäftsleitung, wurde dann endlich ein Wackerhammer angeschafft. Einer für zehn Montagefahrzeuge! Der je nach Erfordernis unter den Fahrzeugen ausgetauscht werden musste. Das gleiche Problem hatten wir mit den Elektroschweiß-Geräten und den inzwischen auf dem Markt befindlichen Hilti-Schlagbohrhämmern. Endlich konnte man problemlos in Beton und Steinwände Löcher für die Halterungen für Blitzschutzleitungen bohren. Nur - wir hatten zu wenige Hilti-Hämmer, um die ein ständiger Kampf unter den Monteuren entbrannte. Geht zu Herrn Lösch, sagte ich den Leuten, macht ihm die Hölle heiß, was sie auch taten. Nun ging alles sehr schnell, innerhalb eines Jahres waren alle Montagefahrzeuge mit den erforderlichen Maschinen und Werkzeugen ausgestattet. Als nächstes ließ ich die bis dahin üblichen Buchsen-Lager der Richtmaschinen, gegen Kugellager auswechseln, weil sie den hohen Belastungen nicht mehr gewachsen waren, heutzutage werden von den Herstellern nur noch Richtmaschinen mit Kugel-Rollen-Lagern produziert.

Die Standortfrage der Firma war für mich immer schon ein Dauerthema gewesen. Es war klar, am Oberrhein ließ es sich ganz gut leben, aber ein geeigneter Standort für eine große Blitzschutzbaufirma war das nicht. Unsere Arbeitsgebiete verlagerten sich immer weiter nach Norden und so benötigten wir eine Filiale in diesen Räumen, das hatte ich schon frühzeitig erkannt, aber Herr Lösch hatte in der Standortfrage taube Ohren, weil er immer alles schön unter seiner Kontrolle haben wollte und die fand nur in Offenburg statt. So wurde das Projekt auf die lange Bank geschoben und so ist es wohl bis heute in dieser Firma geblieben. Da Herr Eichhorn 1933 – 2017, gebürtiger Hockenheimer war, erklärte er sich bereit dort eine Filiale aufzubauen. Eine Vertretung hatten wir damals schon in Wiesloch, die sehr erfolgreich arbeitete, wie ich ja schon weiter oben berichtete. Also kaufte er sich ein Haus und richtete darin eine Zweigstelle ein. Doch es dauerte kein Jahr, bis es zu Zwistigkeiten zwischen Herrn Lösch und seinem Konzessionsträger kam, der sich dann verärgert kurzerhand in der Branche selbständig machte. So entstand die „Firma Eichhorn Blitzschutzbau" in Hockenheim, wir hatten mal wieder eine neue Konkurrenz und das Nachsehen. Die Zweigstelle war weg und unsere Kundenverbindungen auch, wir mussten wieder von vorn anfangen. Als neuer Konzessionsträger wurde Herr Lösch von der Handwerkskammer Freiburg anerkannt, so hatten wir wenigstens diese Sorge vom Hals. Diese Erfahrung veranlasste mich schnellstens die Ausbildung zum „Staatlich geprüften Blitzableiter-Setzer", bei der Handwerkskammer Nürnberg zu absolvieren, die ich auch locker bestand. Doch trotz des Verbotes von Herrn Lösch mit dem Konkurrenten Eichhorn zu „fraternisieren", hielt die Freundschaft zwischen unseren Familien ein Leben lang.

Da es in der Branche keine ausgebildeten Fachkräfte gab, mussten wir aus anderen Handwerkszweigen Leute für den Blitzschutzbau interessieren und dann mühsam selber ausbilden. Dieser Prozess dauerte ungefähr ein Jahr, bis der Monteur in der Lage war, Blitzschutzleitungen zu verlegen. Nach zwei Jahren konnte man einen intelligenten Mann schon mal allein auf die Baustellen loslassen, aber erst nach fünf Jahren Betriebszugehörigkeit, waren die meisten in der Lage selbständig zu arbeiten. Dies erforderte einen enormen Aufwand, denn die Ausbildung bezog sich ja nicht nur auf das Handwerkliche, die Leute mussten ein Minimum an kaufmännischen Kenntnissen erwerben, damit sie an den Baustellen für die Firma lebenswichtige finanzielle Entscheidungen treffen konnten. Da ging es darum, eine Blitzschutzanlage normgerecht, aber auch so zu bauen, dass die Firma noch Geld verdiente. Ein weiterer Aspekt waren die Blitzschutznormen, die in der ABB 8. Auflage (Allgemeine-Blitzschutz-Bestimmungen) zu Grunde lagen, und nach denen unsere Anlagen nun gebaut werden mussten. Wie in kaum in einer anderen Handwerks-Branche, müssen für die Abrechnung jeder Blitzschutz-Anlage Zeichnungen angefertigt werden. Das Zeichnen von Skizzen und Aufmaßen für die Abrechnungen der Baustellen, musste auch erst erlernt werden. Der Obermonteur musste vor Ort entscheiden, wie die Anlage gemäß der ABB zu erstellen ist, denn Vorgaben, Pläne usw. gab es s. Z. noch nicht. Dieser Zustand hat sich bis heute nicht wesentlich geändert, weil die meisten Architekten, oder Ingenieurbüros nicht in der Lage sind, solche Planungen fehlerfrei durchzuführen. All diese Probleme brachten mich auf die Idee, innerhalb der Firma einen Lehrbautrupp einzurichten. Wir schafften einen großen Doppel-Kabiner an, in dem bis zu sieben Monteure mitfahren konnten. Anfangs fuhren Herr Horst Klatt oder ich abwechselnd mit dieser Truppe von Baustelle zu Baustelle. Jede Woche kamen neue Leute hinzu, gingen wieder weg, oder wurden, wenn sie soweit waren, den Montagetrupps zugewiesen. Nach Rückkehr der Trupps, am Freitag-Nachmittag, führte ich dann mit ihnen, eine theoretische Ausbildung durch. Anfangs, hielt mich Herr Lösch wiedermal für total bescheuert, aber, er hatte dazugelernt, wusste nun, dass ich wusste was ich machte. Nach einiger Zeit hatten wir dann auch einen Lehrbautrupp-Ausbilder herangezogen, somit verfügte die Firma immer über genügend gut ausgebildetes Fach-Personal.

Viele Firmen arbeiteten damals noch mit Aufmaßen an der Baustelle, doch bis man einen Architekten auf das Dach hochbekommt um die Maße zu nehmen? Na, sie wissen schon, bekommt man eher ein Kamel durch das berühmte Nadelöhr. Deshalb stellte ich für die Blitzschutz-Zeichnungen, eine gelernte Zeichnerin ein. So schlugen wir zum wiederholten Male die Konkurrenz, denn die Monteure erhielten alle erforderlichen Architekten-Zeichnungen mit auf die Baustelle, in die sie die Anlage einzeichnen konnten. Die Zeichnerin übertrug die Skizzen in eine Zeichnung und ein Mitarbeiter, der die Abrechnungen machte, trug alle Maße, Klemmen und Details in die Zeichnungskopien ein. Das war für alle Bauämter und Architekten bei den Rechnungs-Prüfungen nachvollziehbar. Und die Aufmaße an der Baustelle waren Geschichte.

Der Dauerstreit um die Tiefenerder mit unseren Konkurrenten ging nun schon in die dritte Runde, damit meine ich, sie stritten nicht nur mit uns über die zulässige Verwendung, sondern sie hatten uns beim VDB Verband Deutscher Blitzschutzfirmen e.V. angeschwärzt. Herr Lösch bekam Zustände, rechnete mit einer Abmahnung, und den damit verbundenen Kosten für Nachbesserungen, bei den von uns mit dieser Technik erstellten Blitzschutzanlagen. Nun machte die ABB siebente Auflage leider keine ausreichenden Angaben, wie und wo diese neuartigen Erder eingesetzt werden dürfen, wie auch, denn die Tiefenerder waren erst seit Kurzem im Einsatz und kamen nun durch den glücklichen Umstand, dass die technische Weiterentwicklung Rammgeräte hervorgebracht hatte, zum Einsatz. Gemäß der siebenten Auflage der ABB, durften Erdungen aus Teilerdleitungen, und Einzel-Erdern zur Erdung von Blitzschutzanlagen eingebaut und benutzt werden. Die Erdleitungen mussten für jede Ableitung mindestens 20 Meter lang sein, durften aber auch kürzer sein, wenn man „Staberder" in genügender Anzahl ins Erdreich einbrachte. Weiterhin durften auch natürliche, an der Baustelle vorhandene Erder, wie Brunnenrohre, metallische Rohrleitungen, Wasserleitungen und Stahlarmierungen, zur Erdung herangezogen werden. Erd-Ringleitungen um das gesamte Gebäude, waren nur für Bauernhöfe vorgeschrieben. So war ich mir sicher, dass die neuartigen Tiefenerder, die mit einem Rammgerät sechs Meter tief ins Erdreich eingetrieben wurden, auch als Einzel-Erder zulässig waren. Der VDB Schlichtungs-Ausschuss (Verband Deutscher Blitzschutzbauer), mit seinen Lobbyisten, entschied jedoch gegen uns, wir wurden nicht einmal angehört. Nun bekam Herr Lösch das „Muffensausen", denn wir hatten ja gemäß meiner Auffassung die Dinger an vielen innerstädtischen Baustellen, wo Erdungen ohne große Grab- und Aufbrucharbeiten, nur mittels Tiefenerder möglich waren, diese neue Technik überall angewandt. Meine Auffassung hatte sich inzwischen auch bei anderen Blitzschutzfirmen durchgesetzt, und so wurden immer mehr Blitzschutzanlagen mit Tiefenerdern ausgeführt. Natürlich wurde an geeigneten Stellen immer wieder mal ein Potentialausgleich durchgeführt, aber eben nicht an allen einzelnen Tiefenerdern. Ich erklärte meinem Chef: >Lass sie doch machen, das kratzt mich alles nicht, wir haben inzwischen einige Hundert Anlagen vom TÜV mängelfrei abnehmen lassen, und diese Organisation hat damit meine Auffassung bestätigt <. Eine Rechtsposition gegenüber uns hatte der VDB natürlich nicht und so hätten uns höchstens unsere Kunden wegen Nachbesserung beklagen können. Ausgelöst durch diese konkurenzneidische Beschwerde beim VDB, kam es kurze Zeit später zu endlosen Diskussionen im Normenausschuss, der in dieser Sache nun auch an mich herangetreten war. In mehreren Schreiben erläuterte ich dem Ausschuss meine Erfahrungswerte. Mit der achten und letzten Auflage des Buches Blitzschutz ABB, wurde der Streit vorläufig beendet, in dem für Nebenerdungen 4,5 Meter und für Haupterder 9 Meter Einschlagtiefen vorgeschrieben wurden. Mit dem Eintritt des ABB in den VDE >Verband Deutscher Elektrotechniker <, ist er neu entbrannt, man verlangt nun wieder, dass jeder einzelne Tiefenerder, in den Potentialausgleich einbezogen werden muss. Diese bei Altbauten nicht realisierbare Forderung, hat wie von mir prophezeit dazu geführt, dass Blitzschutzanlagen an bestehenden Altbauten nicht mehr bezahlbar sind und dem zu Folge, im Privat-Bereich fast keine Anlagen mehr installiert werden, weil die für die Einbringung der Erdleitungen erforderlichen Erd- und Straßen-Aufbrucharbeiten, die Kosten für eine Blitzschutzanlage explodieren lassen. Für Neubauten ergeben sich noch wesentlich größere Probleme, weil zuständige Stellen und Planungsbüros immer erst dann an den Blitzschutz denken, wenn die Bauarbeiten bereits begonnen haben oder schon beendet sind. So ist eine spätere Installation in den weitaus meisten Fällen mit hohen

Mehrkosten verbunden, um diese vermurksten Erdungsanlagen wieder in Ordnung zu bringen, um dann eine den Normen entsprechende Anlage bauen zu können, denn anders als bei anderen am Bau beteiligten Gewerken, muss Blitzschutz mit der Planung beginnen, mit der Bauausführung eingebaut werden und während des Baufortschritts ständig überwacht werden. Inzwischen dürfen Fundamenterder, die für die Erdung von Blitzschutzanlagen verwendet werden sollen, nur noch von Blitzschutzfachleuten eingebaut werden, bzw. der Einbau von solchen Fachleuten überwacht werden und das ist gut so.

Die Firma wuchs, die Räumlichkeiten reichten nicht mehr aus und ein neues Betriebsgebäude wurde gebaut. Wir hatten endlich alles unter einem Dach. Herr Lösch wollte wegen seines Alters einen Neuanfang machen. Wir unterhielten uns in endlosen Waldspaziergängen über das „Wie geht es weiter ". Er wollte mich nun als Juniorchef und späterer Firmenerbe aufbauen, stellte mir seinen Gesellschafter Herrn Leo Joggerst als Einstiegshilfe zur Seite, wünschte mir dann viel Glück und verschwand in seinem Feriendomizil in Cannes, an der französischen Riviera, wo er schon seit langem eine Eigentumswohnung hatte. So stand ich armer, unwissender neuer Geschäftsführer im Regen, denn ich hatte bisher mit der kaufmännischen Geschäftsführung nur am Rande zu tun gehabt. Bevor er abrauschte, stellte er mir in mein Ermessen, ob ich seinen bisherigen kaufmännischen Leiter entlassen möchte. Den machte er für eine Steuerhinterziehung verantwortlich, die aber die Gesellschafter gemeinschaftlich begangen hatten. Die Angelegenheit zog eine Steuerstrafe- und eine Nachzahlung in Höhe von ca. 400.000,00 DM nach sich.

Nachdem ich mich inzwischen über die finanzielle Situation der Firma informiert hatte, sagte ich damals zu ihm, das können wir uns im Moment nicht leisten, es ist kein Geld für eine angemessene Abfindung vorhanden. Er stellte mich noch dem damaligen Chef der Bezirkssparkasse in Offenburg vor, man sprach aber nicht viel über Finanzen. Nachdem ich mich mit den finanziellen Dingen vertraut gemacht hatte, wunderte ich mich darüber, dass die Bezirkssparkasse bei der Schuldenlast stillhielt, außerdem und weil mir die finanzielle Lage der Firma nun bekannt war, hätte ich als neuer Geschäftsführer die Gesellschafter auffordern müssen Geld nachzuschießen, so sie dies nicht konnten oder wollten, immerhin beliefen sie die Fehlbeträge auf weit über eine Million DM, hätte ich Konkurs anmelden müssen. Wie sich nach einem Gespräch mit dem Chef der Bezirkssparkasse herausstellte, waren genug Sicherheiten vorhanden, die mir aber nicht halfen die finanzielle Lücke zu schließen. Er sagte mir auch nicht, worin diese Sicherheiten bestanden. Zu dem 300.000,00 DM Kontokorrentkredit der schon ausgeschöpft war, kamen Lieferantenschulden in Höhe von weiteren 350.000,00 DM, die zur Zahlung fällig waren, dazu kamen noch die restlichen Verbindlichkeiten des Baukredites in Höhe von ca. 250.000,00 DM. Mit der Nachzahlung von 250.000,00 DM für eine Steuerprüfung verbunden mit den unvermeidlichen höheren Vorauszahlungen beim Finanzamt, hatte die Firma einen Schuldenstand von ungefähr 1,5 Millionen DM. Mir fehlten die flüssigen Mittel, um die Firma am Laufen zu halten. Warum die Bank in dieser Situation stillhielt und wie lange sie das noch tun würde, klärte sich durch den Besuch meiner Tante, der Schwester von Herrn Lösch auf, als ich ihr, die schon seit Kindheitstagen meine Vertraute war, von meinen Sorgen erzählte. Ha, staunte sie, der Gerd wie sie ihn nannte, hat mir vor Kurzem einen privaten Kontoauszug gezeigt, da war ein Guthaben von über einer Million DM bei der Bezirkssparkasse vorhanden. Bumm, das saß, ich brauchte Tage um mich von diesem Schock zu erholen. So ein Schlawiner, hockt auf den Kohlen die er seiner Firma entzogen hatte, und wir wussten nicht wie wir die Lieferanten bezahlen sollten. >Bist du den total verrückt<, sagte ich zu ihm am Telefon, du hortest das Geld auf deinen Privatkonten, und wir haben keine Betriebsmittel und müssen Kontokorrent-Zinsen bezahlen ohne Ende, aber alles gut zureden half nichts. Auch nicht als ich ihm klarmachte, dass sein schönes Geld ebenfalls weg wäre, wenn die Firma pleitegehen würde. >Schau wie du klar kommst <, war seine lapidare Auskunft. Er hatte mich ins offene Messer laufen lassen, aber so schnell gab ich nicht auf. Ich stoppte sofort alle Privatausgaben der Gesellschafter, konnte jedoch nicht alles verhindern. Zu all dem Schaden, den er und der alte Geschäftsführer angerichtet hatten, bestellte er sich auch noch ein neues Mercedes Sport-Coupe für 65.000,00 DM, das nun geliefert und bezahlt werden musste. So kam es wie es kommen musste, zu den schon geschilderten Streitigkeiten, kam ein massiver Vertrauensbruch und unsere Beziehungen erhielten tiefe Risse. Als ich ihn wegen des Sport Coupe' s und seines "Privat-Vermögens" ansprach, sagte er: >Weißt du Reiner, du musst immer etwas Pulver trocken halten, denn wenn du „wirklich Geld" brauchst, gibt dir keine Bank mehr was<, >weißt du Gerhard<, sagte ich, >dann musst du aber dein „Pulver" bei einer anderen Bank trockenhalten <. Warum macht der das, fragte ich mich, sein Geld ist doch sowieso weg oder ist der so naiv? Ich musste lange darüber nachdenken, mich in seine „Denke " hineinversetzen, den langen Weg verfolgen, den ich mit ihm in seiner Firma gegangen war, bis mir klar wurde welchen Zweck er mit seiner Geldverknappung verfolgte. Er hatte das Fingerring-Prinzip, wie ich es in meinem Gedicht nenne, zwar nicht erfunden, aber mit dem Hasen und Igel Prinzip gekoppelt und war darin zum Meister geworden. Mit der Finanzamtsprüfung hatte er natürlich nicht gerechnet. Das perfide dabei war, ich sollte den Schuldigen abgeben, wenn die Firma durch seine Schuld pleitegehen würde. Ich war voll in die Falle getappt, konnte vor Sorgen kaum noch schlafen, nun begriff ich auch, was mir sein Mitgesellschafter Herr Joggerst bei meiner offiziellen Ernennung zum Geschäftsführer gesagt hatte: Junge, du gehst einen schweren Gang! Aber irgendwie spornte es meinen Ehrgeiz an, ich wollte es schaffen und ich schaffte es auch die Firma wieder auf Kurs zu bringen, denn ich wollte nicht als Pleite-Geschäftsführer in die Geschichte dieser Firma eingehen.

Das Fingerring System

Erst einen Zeigefinger heben,
dann dich furchtbar wichtig geben.
Nun und dann mit viel Effekt,
zeigen auf ein Schaff-Objekt.

Und nun kommt es darauf an,
wer denn was am besten kann.
Schaust die Opfer an und sagst,
du machst dies und du machst das.

Ist dir dieses Ding geglückt,
lehnst du dich entspannt zurück.
Und lässt deine Muskeln schlaffen,
denkst, lass doch die anderen schaffen.

Rei©Men

Der Igel hängt ja bekanntlich immer den Hasen ab, bis er tot umfällt, weil es sich natürlich um zwei Igel handelt, die abwechselnd immer rufen: >Ich bin schon da <. So läuft und läuft der Hase, explizit die Angestellten in der Firma Lösch wie im Hamsterrad immer dem fehlenden Geld hinterher, sie denken, „Mensch", wir sind bald pleite, verlieren unseren Arbeitsplatz und schaffen und schaffen, bis sie umfallen, aber die Firma hat nie Geld, weil der Lösch-Igel immer abräumt, wenn mal die Konten wieder etwas ausgeglichen sind.

Mit einer genialen Idee hatte ich inzwischen 300.00,00 DM, aus dem Hut gezaubert. So hoch war unser Lagerbestand, das „Just-in-time", oder fahrende Lager gab es damals noch nicht, Lieferungen dauerten mindestens eine Woche, bis zehn Tage, also musste man entsprechend vorsorgen. Mir kam zugute, dass wir bis dahin mehrere Lieferanten hatten, nun wollte ich erreichen, dass alles bei einer Firma bestellt wird. Diese Vereinfachung hatte auch viele Vorteile bei der Materialvereinheitlichung und Verwaltung. So kamen damals die Herren von der Firma Dehn in unser Haus, selbst der alte Hans Dehn, einer der Söhne des Firmengründers, ließ sich herab, diese Sache selbst in die Hand zu nehmen und machte sie zur Chefsache. Welche Ehre, aber es ging ja auch um viel Umsatz, also unterhielten wir uns dann über meine Idee. Ich hatte vor, das eigene Lager abzubauen, und durch ein Kommissionslager der Firma Dehn zu ersetzen. Da diese große Firma im Süddeutschen Raum keine Auslieferungslager hatte, zeigten sie sich bereit, uns ein solches Lager mit ausreichendem Materialbestand zum Weiterverkauf einzurichten, wenn wir uns im Gegenzug bereit erklärten, nur noch Material der Firma Dehn zu verarbeiten. Natürlich erhielten wir noch oben drauf „ein Sahnehäubchen" in Form eines ordentlichen Rabattsatzes, was einen weiteren Vorteil gegenüber unseren Konkurrenten bedeutete. So wurden dann von uns benötigte Materialien per Lieferschein aus dem Kommissionslager entnommen, die fälligen Rechnungen der Firma Dehn, konnten wir nun wöchentlich bezahlen. Für Material, welches Konkurrenten bei uns abholten, erhielten wir eine Provision, ein ungeheurer Wettbewerbsvorteil. Durch Stundungen beim Finanzamt und gesteigerten Umsatz, erzielten wir in der Folge hohe Gewinne, der Apparat den ich mit den Außendienst-Mitarbeitern, dem

Kundendienst Leuten und dem durchorganisierten Montagebetrieb aufgebaut hatte, lief auf Hochtouren, die Konjunktur natürlich auch, sodass innerhalb von drei Jahren die Firma fast wieder schuldenfrei war. Nach meinem Ausscheiden steigerte die Firma in der Folgezeit ihren Umsatz von ca. drei Millionen auf 5,6 Millionen DM, was für eine Blitzschutzfirma ein ganz schöner Brocken war. Alles was ich hier berichte, hat absolut nichts mit der Nachfolgefirma, der Spezial-Blitzschutzbau-Lösch GmbH zu tun, all dies geschah lange vor ihrer Zeit. Manche, die diese Zeilen lesen, würden sagen, ich sei ein „Nestbeschmutzer", denen halte ich entgegen, es ist Zeitgeschichte, die von mir notiert wird, und zwar genau so wie sich die Dinge abgespielt haben und, wer soll sie denn noch erzählen? Das kann doch wohl nur einer, der dabei gewesen ist, alles selbst erlebt und erlitten hat.

Wir schrieben das Jahr 1977, nach und nach wurde das Schreiben von Werbebriefen, Angeboten und Rechnungen mit der Schreibmaschine zum Hauptproblem in der Firma. Natürlich gab es auch damals in der 70ziger Jahren schon Computer, man nannte das Mittlere Datentechnik MDT, aber der PC war noch nicht erfunden. Weil ich das Problem erkannt hatte, nahm ich mich der Sache an, und versuchte mich „schlau zu machen ", zu meiner großen Verwunderung bekam ich im Jahre 1977, in keiner Buchhandlung der Umgebung Fachbücher über die Computer-Wissenschaften zu kaufen. Ich fragte in einer größeren Buchhandlung in Frankfurt am Main nach, und tatsächlich standen da ein paar alte Schwarten herum, die sich mit Bits und Bytes beschäftigten. Größtenteils handelte es sich aber um die Geschichte des Computers, angefangen bei Konrad Zuse. Das war ganz nett, reichte aber keinesfalls aus, wenn man eine Firma mit Computern ausstatten wollte. Dann hörte ich von einer regionalen Handwerkermesse, bei der auch Computer vorgeführt werden sollten. Dort waren nun diese Wundermaschinen zu sehen,

sie besaßen zwei bis viertausend Kilo-Bytes Kernspeicher, so
nannte man das damals, denn es waren tatsächlich mit magne-
tisierten Eisenringen versehene Eisenkerne, die im Millisekun-
den-Takt 0 oder 1, bzw. ja oder nein verarbeiten konnten, lächer-
liche Werte, aber der Mikrochip war noch nicht so weit entwickelt, dass man ihn für PC' s einsetzen konnte. Den hatten die
Amerikaner erfunden und erstmals bei ihrer Mondlandung 1969
eingesetzt. Sie brauchten ihn für die Weltraumfahrt und für die
Steuerung ihrer Atomraketen, deshalb gaben sie ihn natürlich
nicht für die Allgemeinheit frei, und außerdem wäre er damals
unbezahlbar gewesen. Festplatten gab es auch schon, die hatten einen Durchmesser von 38 cm und die Laufwerke konnten
nur ca. fünf Megabyte speichern. Das entsprach in etwa fünf bis
acht Tausend DIN A 4 Seiten Geschriebenes, deshalb hatten die
meisten Anbieter von Computern, nur Wechselplatten anzubie-
ten, weil man nur so die Speicherkapazitäten vervielfachen
konnte. Allerdings kostete eine solche Festplatte 10 - 20.000,00
DM. Als einzige Firma, konnte IBM direkt in den Computer ein-
gebaute Festplatten anbieten. Diese Anlage hatte zwei fest ein-
gebaute Speicher-Platten, die man durch ein Plexiglas-Fenster
bei der Arbeit beobachten konnte. Die Zentraleinheit war ca. 1,3
m hoch und im Grundriss 1,50 x 0,60 m groß. Dazu gab es ein
paar schwarzweiß Bildschirme mit saumäßiger Auflösung. Der
Nadel-Drucker war genauso ein Riesenbaby und für die ganze
Anlage benötigte man ein extra Zimmer, weil der Drucker wie
ein Webstuhl ratterte. Die Anschaffungskosten mit zwei Bild-
schirmen, beliefen sich ohne die erforderliche Infrastruktur, wie
Aufstellung und Verkabelung auf 100.000,00 DM. Wir waren
schon versucht so ein Monster anzuschaffen, als wir jedoch hörten, dass die Ausführungs-Programme, die sogenannte Software erst noch geschrieben werden mussten, staunten wir nicht
schlecht, denn dafür wäre locker nochmal die gleiche Summe
angefallen. Das Tollste jedoch war, dass das Betriebssystem nur

gemietet werden konnte, das hätte nochmal mit 600,00 DM pro Monat zu Buche gestanden, also grob gerechnet in 15 Jahren noch einmal die Kaufsumme. Schönes Geschäft für IBM, ich fragte den IBM Mitarbeiter, ob er ein Auto kaufen würde, das nicht fahrbereit wäre und für das er jeden Monat noch mal 600,00 DM zu bezahlen hätte, was bei den damaligen BMW-Preisen in drei Jahren den Kaufpreis ausmachte. So scheiterte die schöne Idee, letztlich auch an den damaligen Preisvorstellungen in der Computerbranche und wir legten das Projekt auf Eis. Eigenartigerweise war Herr Lösch der Einzige, der das Problem richtig erfasste, indem er bemerkte, >die Dinger sind doch noch viel zu groß, da warten wir mal ab, bis sie auf den Schreibtisch passen! < Wie Recht er behalten sollte…, knapp fünf Jahre später war es dann soweit.

Die letzten Jahre bei Lösch.

So gingen meine letzten Jahre in der Firma Lösch dahin, den ehemaligen kaufmännischen Leiter entließ ich natürlich nicht, ich wollte mich einfach nicht mehr vor den Karren spannen lassen, wenn Herr Lösch ihn nicht mehr haben wollte, sollte er ihn doch selber entlassen, ich wusste zwar, dass ich diese Entscheidung später sicher bereuen würde, aber das war mir egal, ich ging meinen eigenen, anständigen Weg, den ich vorher mit manchen, mir in dieser Firma aufgezwungenen Handlungen verlassen hatte. So beschloss ich diesen Herrn, der die entstandene finanzielle Situation maßgeblich mit zu verantworten hatte, einen Job zu geben, wo er für die Firma nützlich sein konnte. Er, der damit rechnete entlassen zu werden und mit Lösch schon abgeschlossen hatte, bekam eine zweite Chance, ich beauftragte ihn mit der Akquisition der rasch wachsenden Fertighausbranche, hier sah ich für die nächste Zukunft eine Möglichkeit, für den Blitzschutz ein weiteres Arbeitsfeld zu erschließen. Ich sprach mit ihm darüber ob er diesen Job übernehmen würde und hatte den Eindruck, dass er mir sehr dankbar war, denn er hatte sicher mit seiner Entlassung gerechnet. Gelegentlich, bei Neuanbahnungen fuhr ich mit ihm zusammen zu den Fertighausfirmen und wir kamen mit der Zeit gut ins Geschäft. In Spitzenzeiten erzielten wir dann bei über 20 Fertighaus-Firmen Umsätze von einer Million DM. Manche kleine Blitzschutzfirma hatte grade mal einen solchen Jahresumsatz. Das System war einfach, die Fertighausfirmen bekamen für ihre Musterhäuser jeweils eine Zeichnung, nach der sie die für die Blitzschutzerdungen erforderlichen Anschluss-Fahnen, an den entsprechenden Stellen, an den sowieso zu verlegenden Fundamenterder von den Kellerbau-Firmen anbringen ließen. Bei der Bemusterung wurden die Bauherren gefragt, ob sie eine Blitzschutzanlage haben möchten, die damals für ca. 500,00 DM kostete und viele stimmten zu, ließen sich eine Anlage auf ihr neues Haus bauen, ein durchschlagender Erfolg.

Nun führte ich auch innerhalb des Betriebes eine so weit wie möglich offene, kollegiale Umgangsform ein, die nicht so wie zu Herrn Löschs Zeiten aus Zittern und Angsthaben vor dem Chef bestand. Aber der Unruhestand des Herr Lösch war nicht zu bändigen, als er nach zwei Jahren im Alter von 65 Jahren zurückkam, meckerte er an allen Neuerungen herum, nörgelte hier und da, und untergrub systematisch meine Autorität, wahrscheinlich, weil viele Neuerungen zu erfolgreich waren und weil sie nicht auf seinem Mist gewachsen waren. Er hatte sich selber ausgebootet, überflüssig gemacht und das passte ihm nicht. Statt sein Leben zu genießen, kratzte mein Erfolg an seinem Ego, und er wollte unbedingt wieder die Kontrolle über seine Firma übernehmen. Ich war damals 42 Jahre alt und natürlich stellte sich mir die Frage wie das weitergehen sollte. Statt mir überall ein Bein zu stellen, war es längst an der Zeit, mir ein paar Geschäftsanteile von seiner Firma abzugeben. Das hatte er mir oft genug versprochen und später sollte ich alles erben. Doch er blockte ab, ich würde sowieso mal alles bekommen, meinte er. Darauf wollte ich mich mit den vorangegangenen Erfahrungen nicht einlassen: "Ich brauche ein Zeichen, das Vertrauen schafft", sagte ich zu ihm, er aber meinte, das sei Erpressung.

Trotz meiner mehrfachen Warnungen, die seinerseits in den Wind geschlagen wurden, kam es nun innerhalb kurzer Zeit zum Weggang von mehreren wertvollen Mitarbeitern, die sich alle selbständig machten.

Firma Eichhorn Hockenheim, wie schon erwähnt, war ja 1969 die erste,
Firma Georg Müller Karlsruhe,
Firma Kaufmann Oberursel, wie ja schon erwähnt,
Firma MS Blitzschutz Inh. Reiner Menzel Gründungsjahr 1980, und nach meinem Ausscheiden die folgenden Firmen:
Firma Marschner Gottmadingen,
Firma Fautz Villingendorf,
Firma Adams Willstätt/Sand,
Firma Kunz Offenburg, nach seiner Entlassung aus der Firma Lösch KG.

Bei einer Durchsicht alter Provisionsabrechnungen, die vor meiner Geschäftsführerzeit lagen, hatte ich festgestellt, dass aus den seiner Zeit von mir im Großraum Stuttgart erzielten Auftrags-Umsätzen, ein Großteil der Aufträge an ausgeschiedene oder verstorbene Außendienstmitarbeiter verprovisioniert worden waren. Wer hatte da seine Hände im Spiel gehabt, ich befragte den Buchhalter, er verwies mich an den ehemaligen kaufmännischen Chef, doch der stellte sich dumm. Als ich Herrn Lösch befragte wiegelte er ab, ich solle mich nicht weiter darum kümmern! Anstatt mich für meine Verdienste zu belohnen, bestimmte er auch noch, dass dieser Herr, der ja Angestellter in der Firma war, für Umsätze, welche die Fertighausfirmen uns einbrachten, Provisionen bekam. Diese Umsätze und Gewinne verdankte die Firma meiner Vorarbeit. Vermutlich teilten die Herren sich diese Extraprovisionen auch noch unter einander auf. Ein Mehr an Gemeinheiten und Ungerechtigkeiten zu schlucken, konnte ich mir selber nicht gestatten. Dazu kam, dass ich nun als Geschäftsführer, für diese Unregelmäßigkeiten mitverantwortlich war.

Wenn das so ist werde ich meine eigenen Wege gehen, das sagte ich beiden Herren ganz offen, doch man glaubte wohl nicht, dass ich ernst machen würde. So kam es dann zu einer Gesellschafter-Versammlung, wo man mir erklärte, dass der ehemalige kaufmännische Chef als zweiter Geschäftsführer neben mir tätig werden solle, damit wieder Provisionen an die beiden Herren fließen konnten. Das lehnte ich rundweg ab, und so erhielt ich noch in dieser Sitzung eine Kündigung, die schon vorbereitet worden war und mir nur noch ausgehändigt wurde. Eigentlich war ich darüber froh, dass ich raus war, ich brauchte die Firma Lösch nicht mehr, sie mich vielleicht schon noch. Die Kündigung wurde aber sehr bald wieder aufgehoben, wohl, weil man befürchtete, dass ich zu viel wusste, aber von dieser Seite drohte den Herren keine Gefahr, denn auf Grund der Ereignisse, kündigte ich dann das Arbeitsverhältnis meinerseits.

Der nächste den Herr Lösch rausschmiss, war sein Mit-Gesellschafter, Herr Joggerst, natürlich, weil der ja an der Aufklärung der Provisions- Manipulationen beteiligt gewesen war, und somit zum Abschuss freigegeben werden konnte. Es kam zum Prozess, der in einem Vergleich endete, der aber für Herrn Lösch ganz schön teuer gewesen sein soll.

Inzwischen traf ich meine Vorbereitungen zur Gründung einer eigenen Firma. Zur Absicherung der straf- und steuerrechtlichen Vorkommnisse im Zusammenhang mit den Provisions-Manipulationen, hinterlegte ich mein Kündigungsschreiben mit den ausführlichen Kündigungsgründen bei einem Notar, arbeitete noch einige Dinge auf und nahm meinen Resturlaub. Eigenartiger Weise wurde bei diesem Notar in Bad Cannstatt eingebrochen und mein Kündigungsschreiben entwendet.

Nach der Festlegung für den Standort Backnang, ging alles sehr schnell, ich gab meine Angebote natürlich erst nach meinem endgültigen Austrittstermin ab, erntete trotzdem den Vorwurf noch in der Firma arbeitend, auf eigene Rechnung geschafft zu haben. Doch das dickste kam noch nach, als mich die Polizei aufforderte meine Fingerabdrücke abzugeben, weil in der Firma Lösch angeblich in den Schreibtisch des alten und nun wieder neuen Geschäftsführers, eingebrochen worden war. Weitere Anschuldigungen wurden wegen der Übernahme der Firma Kaufmann erhoben, da musste ich dann noch als Zeuge auftreten, weil Herr Kaufmann wegen fehlender Provisionszahlungen gegen Lösch klagte. Ein weiterer Außendienstmitarbeiter, der ebenfalls seine Restprovisionen nicht erhielt, angeblich auch meine Schuld, war auch vor Gericht gezogen. Wegen der schlechten finanziellen Lage hatte ich der Firma Lösch damals einen kleinen, zinslosen Privatkredit gegeben, den ich mir als noch Geschäftsführer vorsichtshalber wieder zurücknahm, es gab ein Riesentheater, man entzog mir die Prokura, alles insgesamt hässliche Dinge, die in einem „normalen Geschäftsbetrieb" nicht gut aussehen. Aber dessen nicht genug, man verbot allen

Mitarbeitern den Kontakt mit mir und meiner Frau, ja man hetzte einen Lieferanten auf, mir und meiner Firma der MS-Blitzschutz GmbH, kein Material zu liefern, widrigenfalls, wollte man bei ihm nicht mehr einkaufen. Das Verbot mit Eichhorn, der sich ja schon vor einiger Zeit selbständig gemacht hatte, zu fraternisieren lebte mit den Nachfolgern, die desgleichen taten fort. Die Firma Lösch brachte es sogar fertig einen neuen Außendienst-Mitarbeiter im Nachbarhaus in Backnang, gegenüber von unserem neuen Firmensitz einzumieten, sodass es nun zwei Blitzschutzfirmen in einer Straße gab. Aber dieser ganze Unsinn beeinträchtigte uns keineswegs, wir ließen die Provokationen ins Leere laufen, und kümmerten uns um den Aufbau unserer neuen Existenz.

Unsere Firma, die ich mit meiner Frau zusammen gegründet hatte, entwickelte sich sehr schnell und erfolgreich zu einem der angesehensten Blitzschutzfirmen im Großraum Stuttgart. Innerhalb von fünf Jahren konnten wir ein Betriebsgebäude errichten, in dem die MS Blitzschutz GmbH heute noch zuhause ist. Schon 1983 führten wir das von mir so heiß erwartete, bessere, kleinere Computersystem in Kombination Olivetti-Rechner und Microsoft MS-DOS Betriebssystem in unserer Firma ein, und das mit durchschlagendem Erfolg, denn auf Grund meiner erworbenen Vorkenntnisse hatten wir ins Schwarze getroffen, denn wie heute zwar jeder weiß, ist aus den MS-DOS - längst >Windows< geworden, aber das konnte damals niemand vorausahnen. Vor der Konkurrenz hatten wir die Nase meilenweit voraus, überhaupt was die Werbeschreiben anging, drei Jahre später kam dann noch das CAD-Zeichnen (von engl. *computer-aided design*) auf dem Computer dazu, alles Dinge, die damals nicht allgemein üblich waren.

Bei Lösch hörten die Querelen auch unter der Leitung des ehemaligen und nun wieder neu eingesetzten Chefs, der jetzt wieder Geschäftsführer war nicht auf und Herr Lösch musste dann altersbedingt seine Firma verkaufen. Diesem alten/neuen Geschäftsführer, hatte Herr Lösch wohl auch die Übernahme seiner Firma versprochen, aber das Verhältnis war inzwischen völlig zerrüttet. Er konnte wohl auch nicht die erforderlichen Mittel für den Kauf der Firma aufbringen und so trat dann die Firma Holl Dachdeckerei - Betriebe als Käufer auf, die das Unternehmen erwarb. Eher zufällig war ich in Offenburg, weil meine Tante aus der DDR kommend, dort zu Besuch weilte, so sprach mich der angeblich schwer Kranke Herr Lösch an; er lag jammernd im Bett, ich solle zur Unterstützung seiner Frau in seine Firma gehen und den Geschäftsführer entlassen, nun schon zum zweiten Mal. Das war der Hammer, ich riet von einer Entlassung dringend ab, da doch nun, einen Tag vor der Übergabe an Holl, dieser Herr wohl nicht mehr seine Sache sei, aber er war beratungsresistent wie immer, allerdings auch zu feige es selbst zu tun. Damit es nicht zu weiteren Eskalation kam, ging ich mit Frau Lösch in die Firma, die dem Herrn dann die schriftliche Kündigung ohne Kommentar überreichte. Den Büroangestellten gegenüber erklärte ich, dass dies alles nichts mit meiner Person zu tun habe und ich auch nicht in diese Firma zurückkäme, ich wünschte allen eine gute Zeit und fuhr nachhause. Der entlassene Geschäftsführer verklagte nun seinerseits Herrn Lösch, wegen der Entlassung in letzter Stunde. Dieser Prozess kam Herrn Lösch wiederum teuer zu stehen, nach meinen Informationen musste er 160.000,00 DM als Abfindung bezahlen. Der gründete dann sofort seine eigene Blitzschutzfirma, man nannte sie die >schwarz-weiß-rote Flotte<, weil sie gleich mit drei neuen BMW-Fahrzeugen auftrat, die Firma hatte aber nur kurzen Bestand, offenbar ist sie an Erfolglosigkeit eingegangen. So war die erste Geschichtshälfte der Firma Lösch KG zu Ende, die Nachfolger führen das Unternehmen sehr erfolgreich und solide bis zum heutigen Tage weiter.

Ende des ersten Teiles.

Die Entwicklung von vielen Blitzableiter-Bauteilen an denen ich beteiligt war.

Die Firsthalter von Pröpster GmbH

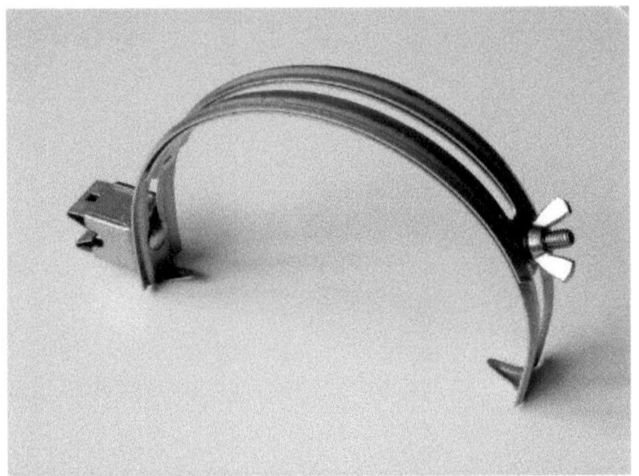

Die Firsthalter waren der erste Akt, an dem eine Verbesserung stattfand, doch da muss ich nun etwas weiter ausholen, denn einer allein war selten an den Verbesserungen beteiligt. Es waren immer viele Blitzschutzleute und Hersteller von Bauteilen, die in Zusammenarbeit mit Herstellern und Blitzschutzfirmen, die entstandenen Ideen verwirklichten, und die dann zu wesentlichen Verbesserungen führten. Die Firma Dehn, hatte aus Flacheisen verstellbare Firsthalter gefertigt, aber die langen Zungen, sie seitwärts unter die Hohlziegel geschoben werden mussten, bedingten ein ziemlich großes Loch im Mörtel, das zu großen Zerstörungen am Mörtelbett führte. So dachte ich mir, aus der Zunge machen wir eine Spitze, die passt besser in das ausgeschlagene Loch. Zur selben Zeit begann die Firma BS-Plastik, ein Bauteilehersteller aus Durmersheim bei Rastatt, Ableitungshalter aus Edelstahlband zu fertigen, eine großartige Neuerung, endlich passte der dünne Blechstreifen besser zwischen die

Ziegel. Als ich das sah war mir klar, die Firsthalter mussten ebenfalls aus Edelstahlbändern geformt werden. Ich fragte unseren damaligen Hauptlieferanten, die Firma Kalmbach, ob er solche verstellbaren Firsthalter aus Edelstahl-Band, und unten an beiden Enden, mit einer spitzen Zunge herstellen könne, ja sagte er, das ist eine tolle Idee, aber das Band wird nicht stabil genug sein und sich verbiegen. Kein Problem meinte ich, dann müssen eben Längsrillen, sog. Sicken eingeprägt werden, die das Ganze stabilisieren. So kamen die ersten brauchbaren Firsthalter, die damals nur die Firma Kalmbach aus Velbert fertigte auf den Blitzschutzmarkt und wurden zum durchschlagenden Erfolg. Heutzutage fragt niemand mehr, wie und warum ein solcher auch an Schönheit nicht zu verbessernde Firstleitungshalter entstanden ist, und welche Mühen es uns damals kostete, brauchbare Halterungen und Drahtverbinder von den Herstellern zu bekommen. Es war leider nicht so einfach wie es hinterher aussieht, die Hersteller gingen bei diesen Entwicklungen erhebliche Risiken ein, denn man kann nicht immer voraussagen, ob sich eine neue Idee durchsetzen wird. Gerade mit diesem Halter war durch die Verwendung von Edelstahl eine enorme Verteuerung einhergegangen, die bei Herrn Kalmbach erhebliche Zweifel aufkommen ließ, ob er seine Entwicklungs- und Werkzeugkosten wieder hereinbekommen würde. Da er ja selber keine Blitzschutzanlagen baute, musste er sich auf mein Urteil verlassen, aber ich war mir absolut sicher, dass die Rechnung aufgehen würde. Alle waren glücklich, wir bekamen unsere Universalhalter und Kalmbach verdiente sich anfangs, bis die Konkurrenten nachgezogen hatten, eine „goldene Nase".
Die Branche hatte einen neuen Baustein im Materialbaukasten, mit dem heute noch alle glücklich und zufrieden sind.

Die Abgangseisen

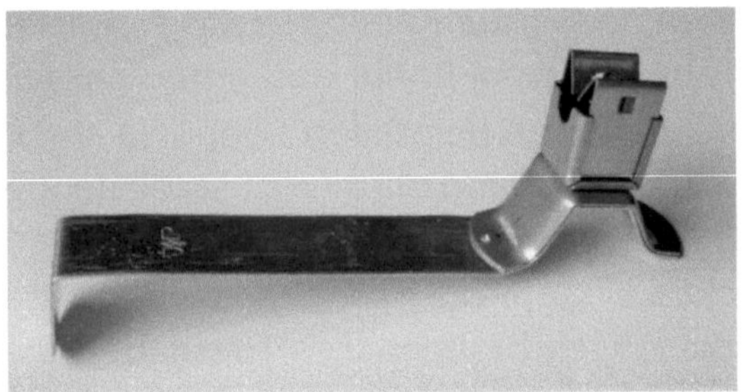

Die Abgangseisen, die zum Befestigen der Leitungen entlang der Ortgänge und in der Mitte der Dächer benutzt wurden, waren viel zu schwer, zu lang und zu dick. Wie schon erwähnt, hatte die BS-Plastik Durmersheim, eine Verbesserung erreicht, indem sie die dünnen Edelstahlbänder verwendete. Diese waren aber immer noch zu lang, der ganze Ziegel musste herausgenommen werden, dann konnte man die langen Eisen in die obere Dachlatte einhängen. Zudem hatten die langen Eisen einen Haken, der um die Dachlatte herumgriff, der wurde sowieso immer von den Monteuren abgeschnitten, also kam der weg. Was lag nun näher, man brauchte kurze Halter, die nur unter die Ziegelenden eingehängt werden konnten, die bekamen wir nun von den Herstellern geliefert. Zufrieden war ich damit immer noch nicht, weil die Drahthalter aus Kunststoff bestanden und nicht sehr lange hielten. Inzwischen gab es einen neuen Blitzschutz-Materialhersteller, die Firma Pröpster. Herr Pröpster, der sich in der Firma Dehn nicht wohlfühlte, weil er seine Ideen dort nicht verwirklichen konnte, hatte sich sehr zum Ärger von Dehn selbständig gemacht. Gerade diesem Mann ist es zu verdanken, dass der wunderschöne Materialbaukasten im Blitzschutzbau, neue Impulse bekam, er war einfach der Mann, der vor Ideen nur so übersprühte, er kam mit seinem Blitzschutzkoffer, machte ihn auf und fing an zu schrauben und erzählte immerfort, was sich

alles so machen ließ und tatsächlich entstanden in seiner Ideen-
schmiede in kürzester Zeit die besten Innovationen auf dem Ma-
terialsektor. Da die neuen Edelstahl-Abgangseisen starr waren,
musste der Monteur natürlich aus dem Ziegel die ineinander-
greifenden Rippen der unteren und der oberen Ziegel heraus-
brechen, schroten nennt man das im Fachjargon. Dabei gingen
auch wieder Ziegel zu Bruch, ein Ärgernis, wenn die Kunden
keine Ersatzziegel auf dem Speicher hatten. So dachte ich mir,
warum machen wir dieses Abgangseisen nicht aus weichem Material, dann hängen wir es ein und drücken den oberen Ziegel
drauf, dann presst sich das Abgangseisen selber in die Rillen hinein. Die Entwicklungsarbeit kam natürlich wieder von Pröpster.

Die Falzklemmen (Fabrikat Pröpster)

Die Falzklemmen wurden bisher aus einem runden Stück Me-
tallklotz aus Temperguss gefertigt, wurden von der Firma Dehn
entscheidend verbessert, indem man sie nun flach und mit einer
Zunge fertigte, die man nur noch unter das Blech zu schieben
hatte. Waren die beiden Schrauben festgezogen, lag die
Klemme flach auf den Ziegel und der Draht kam in eine Überle-
ger-Verschraubung, fertig. Aber, da gab es einen Architekten,

dem gefiel die lange Konstruktion nicht, weil sie oft an Blechattiken unten vorstand, er meinte man solle die Klemme so bauen, dass sie auf den Blechen aufliegt und nicht auf der Wand. Recht hatte er, ich veranlasste damals den Hersteller Kalmbach diese Klemme als Kralle auszuführen, was er in kürzester Zeit tat. Man muss sich das so vorstellen, die Klemme sieht etwa so aus, wie wenn sie sich an einer Stange mit den Händen hochziehen möchten, nur durch die „Finger" gehen die Befestigungsschrauben hindurch. Diese Klemme wird heute Millionenfach im Blitzschutzbau eingesetzt, sie ist stabiler als ihr Vorgänger und sieht gefälliger aus.

Die Metallleitungshalter, der neue Niro-Clip (Pröpster)

Die Metallleitungshalter waren eine Weiterentwicklung des von der BS Plastik gefertigten Kunststoffclips für die Drahtbefestigungen. Man drückte in diesen Kunststoff-Halter nur den Draht hinein, es machte klick und der Draht saß fest. Er hatte und hat bis heute den schwerwiegenden Nachteil, dass der Kunststoff in kurzer Zeit versprödet und der Draht hängt dann ohne Befestigungen an der Wand oder auf dem Dach herum, deshalb sollte er für die Außenmontage verboten werden. Weil Herr Kalmbach ständig mit Reklamationen zu kämpfen hatte, kam er eines Tages zu mir und sagte: Reiner, du hast doch immer solche Ideen, können wir nicht diesen Leitungshalter aus Metall bauen, lass dir mal was einfallen.

Der alte Kunststoffhalter (BS-Plastik)

Der neue Edelstahlhalter von Pröpster

Ja, dachte ich laut nach, mal sehen man müsste es mit Edelstahl
versuchen. So ließ ich mir vom Kalmbach Metallstreifen in unterschiedlichen Dicken und Festigkeit schicken und bog und zog in

meiner Werkstatt buchstäblich mit Hammer, Zange und Blech-
schere bewaffnet verschiedene Versionen eines Metallclips zusammen, die schickte ich Herrn Kalmbach. Vorher hatte ich mir
meine Rechte an der „Erfindung", durch eine Einreichung beim
Deutschen Patentamt gesichert.

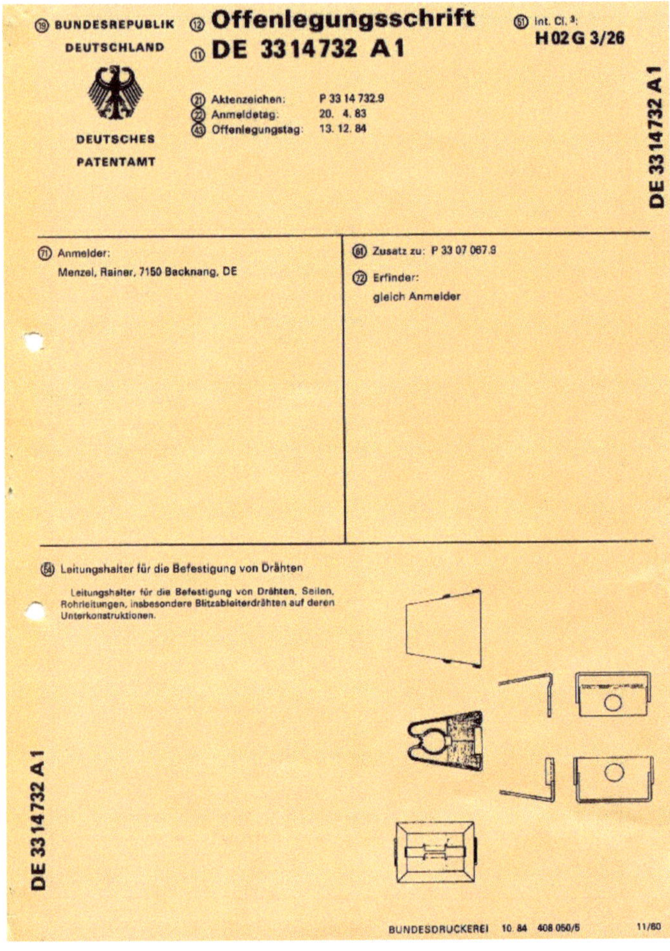

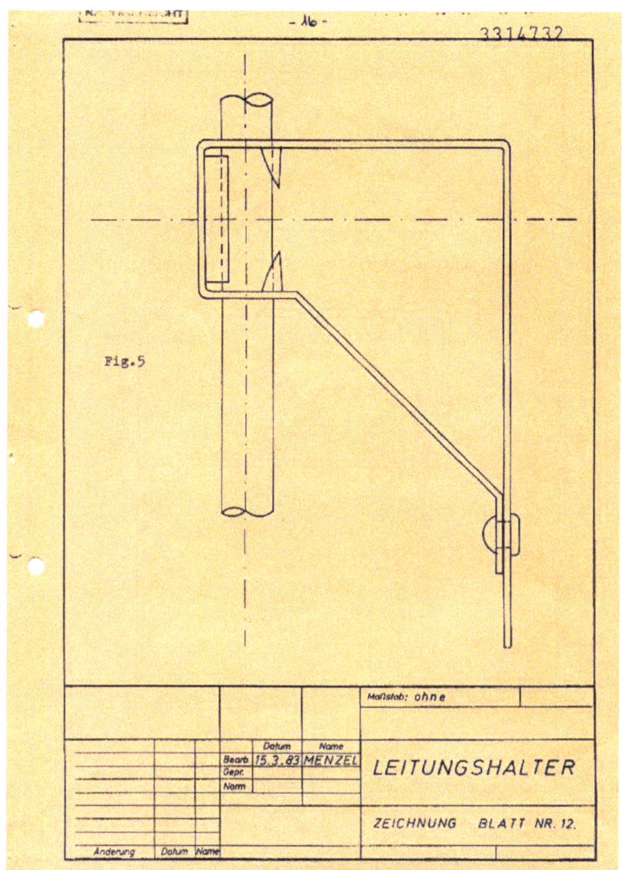

Von Herrn Kalmbach hörte ich monatelang nichts, auf meine telefonische Anfrage hin war er auch nicht zu sprechen. Vom Patentamt erhielt ich eine Absage, weil der Clip schon als Kunststoffhalter existierte. Das war natürlich Blödsinn, denn in Wirklichkeit handelte es sich um ein völlig neues System aus Metall, das es noch nicht auf dem Markt gab. Dann lief mir bei unserem Konkurrenten, der Firma Schmidt in Stuttgart, mit der wir gute Beziehungen unterhielten, Herr Pröpster über den Weg und wir kamen ins Gespräch. Er war begeistert, wollte unbedingt diesen

Halter bauen, anscheinend erkannte er als Einziger außer mir,
die Bedeutung dieser Innovation für den Blitzschutzbau.

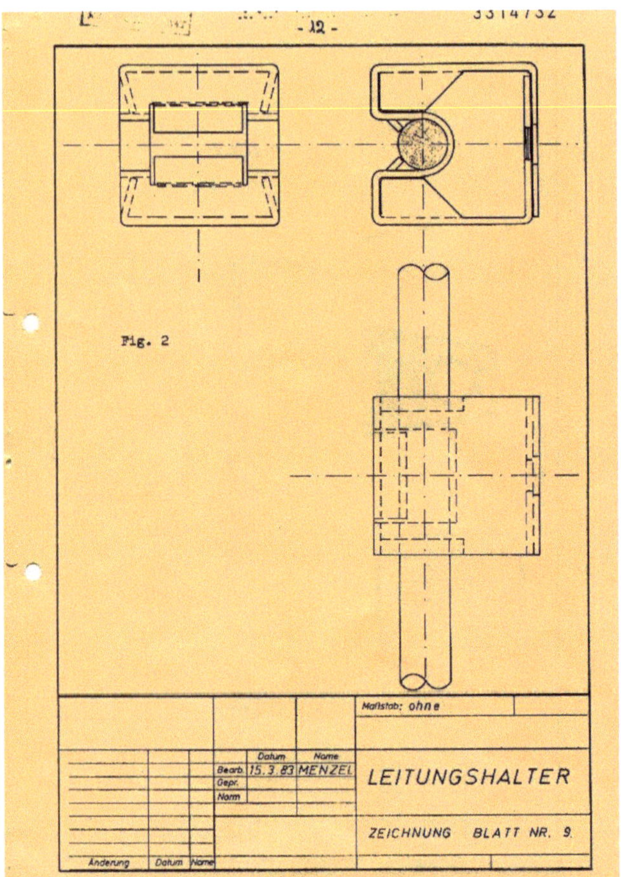

Um es kurz zu machen, der Metallleitungshalter, Niro-Clip genannt, wird heute von allen Herstellern in unterschiedlichen
Konstruktions-Formen, die aber alle auf das von mir entwickelte
Grundprinzip zurückgehen - in Millionen Stückzahlen hergestellt, nur wusste bisher niemand außer mir und Herrn Pröpster,
wie er entstanden ist. Indem ich das nun öffentlich mache, soll
die Geschichte der Entwicklung vom handwerklichen

Blitzschutzbau à la Firma Moser in Gutach ergänzt und vervoll-
ständigt werden.

Die Multiklemmen (Pröpster)

Von den Multiklemmen mit denen man zwei Drähte verbindet,
die den ungeheuren Vorteil des Ein-Schraubenprinzips haben,
gab es schon mal einen Vorläufer. Die Teile, also Ober- und Un-
terteil sollten auch mit einer Schraube verbunden werden, die
Teile wollte man damals aus Temperguss fertigen und hier lag
der Hund begraben. Die Firma Dehn, denen ich damals diesen
Vorschlag machte, kam nicht auf die Idee, diese beiden Platten
aus Metallpressteilen herzustellen und so wurde, weil zu teuer
nichts daraus. Später gab es von OBO-Bettermann, dann einen
weiteren Vorläufer aus Aluminiumdruckguss, der aber der Belas-
tung nicht standhielt, diese Klemmen verbogen sich unter dem
andauernden Anpressdruck und verschwanden wieder vom

Markt. Herr Pröpster griff dann das Prinzip wieder auf und entwickelte die Multiklemmen, die heute ebenso von allen Herstellern in Millionen Stückzahlen produziert werden. Einem Patentrechtschutz hätte diese Klemme wohl auch nicht erwerben können, aber es ist wiederum Herrn Pröpster zu verdanken, dass sie dann im dritten Anlauf den Blitzschutzmarkt erobern konnte.

Die Regenrohrschellen (Pröpster)

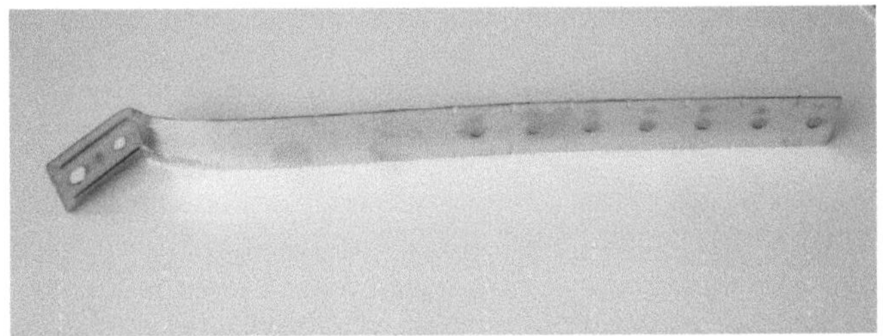

Die Regenrohrschellen waren auch nicht nach meinem Geschmack, darüber sprach ich mit Herrn Pröpster. Warum vergeuden diese Dinger so viel Platz im Montagewagen, man könnte sie doch auch als Band ausführen! Gut, aber dann bekommen diese Bänder Knicke, wenn man sie an der Baustelle zu einem Ring biegen möchte? Nein bekommen sie nicht, sagte ich, weil der Monteur dieses Band hinter dem Regenfallrohr hindurch steckt und vorn die Enden mit den Schraubenlöchern zusammenfügt. Soweit gut, es klappte hervorragend, alle Bänder auch die Regenrohr-Befestigungsschellen wurden ab sofort nur noch vorgebogen geliefert. Damit hatten die Blitzschutzleute immer noch fünf oder sechs verschiedene Größen von Rohrschellen im Fahrzeug und manchmal ging eine Sorte unterwegs aus, das brachte mich auf die Idee, Rohrschellen anzufertigen, die für alle Größenmaße Löcher enthielten. So bog man sich die Laschen mit der passenden Bohrung zurecht und schnitt den Rest ab, die Universalschelle für alle Fälle war geboren.

Regenrohrbefestigungsschellen (Pröpster)

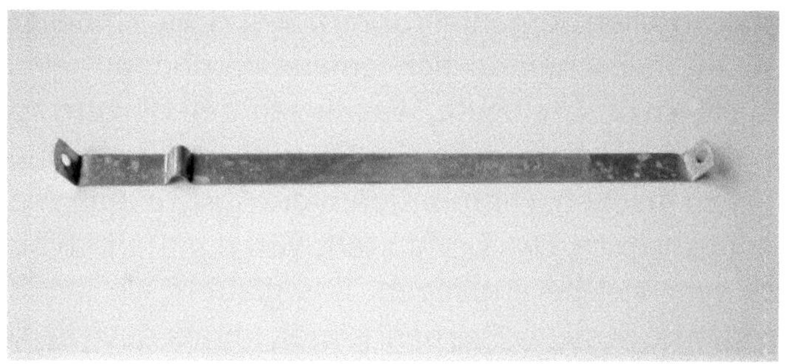

Bisher galt die Regel, dass Blitzschutzableitungen eigene Leitungsbefestigungen haben mussten. Das wurde inzwischen verwässert, indem manche Monteure, die zu bequem waren die Halterungen anzubringen, wir nennen das Stützen setzen, die Leitungen mittels einer Regenrohrschelle und einem Kabelschuh, an den Regenrohren befestigten. Das sah hässlich aus, also blieben wir bei der bewährten Technik. Anlässlich einer Blitzschutztagung in Wuppertal, besichtigten wir die Firma Kalmbach in Velbert, wir liefen durch das Lager, und mir fielen schmale Schellen in verschiedenen Durchmessern auf, die an einer Stelle eine Sicke aufwiesen. Ich fragte Herrn Kalmbach, was machen sie denn damit, ach sagte er, das weiß ich auch nicht genau, aber da gibt es eine Blitzschutzfirma, die sie extra von uns machen lässt, ich glaube die befestigen damit die Leitungen an Rohren. Das hört sich gut an, eventuell können wir das mal ausprobieren. So legte ich ein paar Hundert von diesen Rohrbefestigungsschellen in meinen Kofferraum, dachte mal sehen was man damit machen kann, hängte sie ins Lager und hatte sie schon fast vergessen. Aber dann kam eine Spezialbaustelle, da hatte der Architekt die Regenfallrohre im großen Abstand vor der Wand montiert und wollte vom Blitzableiter „nicht viel sehen ". Da erinnerte ich mich an die Spezialschellen, fuhr an die

Baustelle und unsere Monteure hatten in „Null Komma nichts "die Ableitungen befestigt. Wunderbar, dachte ich, nun probieren wir das mal an allen Regenfallrohren, wenn es schneller geht, warum nicht, mal sehen ob sich jemand darüber aufregt. Nach Tagen fragte ich unsere Leute, was sie mit den Dingern so für Erfahrungen gemacht hatten. Das ist Mist sagten sie, so eine Fummelei nichts zu machen, wir montieren die Ableitungen wie bisher auf Leitungshaltern. Der Draht steht von den Rohren ab und man muss sehr viel herumbiegen. Das glaubte ich ihnen nicht, denn ich kannte ja meine Pappenheimer, immer nach dem Motto, das haben wir immer so gemacht und jetzt kommt der - usw. usf. Also ging ich mit an die Baustelle und probierte die Schellen selbst aus.

Anfangs hatte ich schon zu kämpfen, sie hinter den Regenrohren hindurch zu schieben, aber mit einem bisschen Geschick, war das kein Problem. Allerdings brauchte man einen kleinen Trick, damit der Draht nicht vom Rohr weg stand, das sah in der Tat hässlich aus. Was unsere Monteure nicht verstanden hatten war, dass man dem Draht eine kleine Vorspannung geben musste, sodass er sich von selber am Rohr anlegte. Außerdem musste man an den Halterungen der Regenfallrohre eine kleine Sicke in den Draht biegen und an diesen Stellen jeweils eine >Regenrohrbefestigungsschelle < setzen. So nannte ich nun diese Schellen. Waren die Halterungen der Regenrohre zu weit voneinander gesetzt, wurde noch eine Schelle dazwischengesetzt. Ich lernte unsere Leute ein und innerhalb von ein paar Tagen beherrschten sie die neue Technik. Wir fanden bald heraus, wie man den Draht drehen musste, damit er nicht vom Rohr weg stand, das Problem der Vorspannung, also einer Krümmung vom Rohr weg, hatten wir begriffen. Da der Draht aber vom Dachfirst bis zur Erdung aus einem Stück verlegt wurde, passte diese Biegung selten in die richtige Richtung. Deshalb sagte ich zu unseren Leuten, dann teilen wir eben den Draht an den Regenrinnen und klemmen beide Teile in der Rinne wieder zusammen. Diese Technik praktizierten wir schon länger. Weil man immer öfter die Leitungen vom Gerüst aus montierte, war diese Zweiteilung sowieso erforderlich. Bald jedoch gab es Reklamationen von Bauherren, weil sich Blätter und anderer Dreck an den Multi-Klemmen in den Regenrinnen festsetzten, also war eine neue Lösung erforderlich. (Doch davon weiter unten) Innerhalb von ein bis zwei Jahren schauten sich bei uns alle Blitzschutzfirmen im Süddeutschen Raum diese neue Technik ab. Alle Hersteller überboten sich nun in der Konstruktion neuer Regenrohr-Befestigungsschellen, da gibt es inzwischen etwas veränderte Edelstahl-Schlauchschellen oder Schellen mit Langloch, dann von Dehn die völlig danebengeratene Abstandschelle, die Dehnleute hatten ein besonderes Verständnis für diese Technik entwickelt, die aber leider nicht montagefreundlich ist, da sollte gleich noch eine kontaktsichere Verbindung zum Regenfallrohr entstehen, aber inzwischen produziert Dehn, auch die von allen anderen als besser erkannten Schellen.

Die Dachrinnenklemmen (Pröpster)

In Zusammenarbeit mit der Firma Pröpster, wurde die Dachrinnenklemme mit der Doppeldrahtverbindung entwickelt. Ich erklärte Herrn Pröpster um was es ging, er verstand das sofort und mein Vorschlag mit der Doppeldrahtverbindung auf der Klemme wurde umgesetzt, dass er bei dieser Gelegenheit gleich noch eine ganz neue Regenrinnenklemme erfand, war für diesen genialen Konstrukteur selbstverständlich.

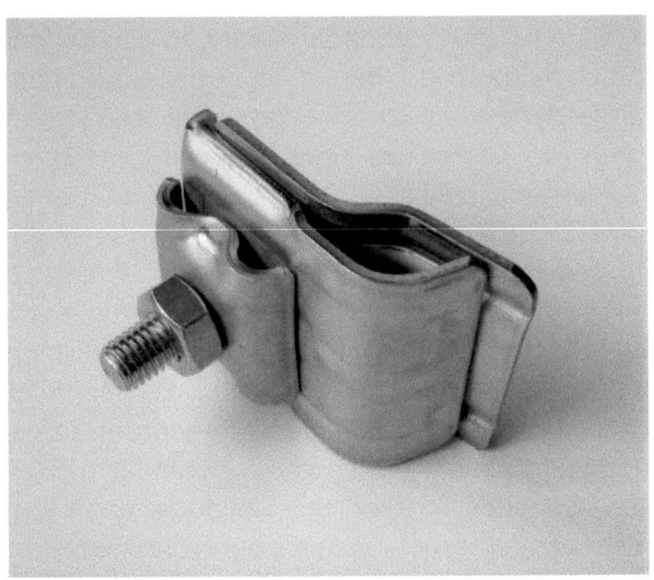

Die neue Klemme, hatte nun nur noch eine Schraube, zum Befestigen und zur Verbindung der beiden Drahtenden.

Die Schummelei mit den Blitzableiter-Drähten begann schon in den 50ziger Jahren. Die Lieferanten behaupteten, dass feuerverzinkte Blitzableiter-Drähte eine Haltbarkeitsdauer von 30 Jahren hätten. Wir glaubten ihnen und gaben diese Information an unsere Kundschaft weiter. Damals glaubte man noch an die Glaubwürdigkeit der Firmen, heute wissen wir es besser. Dabei hatten sie gar nicht mal so ganz gelogen, denn manche der alten Anlagen sind heute, nach fast 70 Jahren immer noch auf den Dächern, natürlich total korrodiert. Die Draht-Hersteller hatten also nur „vergessen" zu sagen, dass die Verzinkung nur 15 – 20 Jahre halten würde, denn der verrostete Draht ist ja immer noch vorhanden und „haltbar". Die Mogelei betraf dann hauptsächlich nur die Erdungsleitungen, die wir damals so gutgläubig in die Baugruben verlegt hatten, denn die waren teilweise schon nach 10 Jahren nicht mehr vorhanden. Die Fa. Dehn machte damals schon Versuche und kam zu gleichen Ergebnissen. Die große Wende kam erst mit der Einführung des Fundament-Erders und dem einsetzenden Bauboom. Die Fundamente und die Keller-wände wurden inzwischen mit Eisenarmierungen verstärkt und in der Folge „schmolzen" die verzinkten Drähte im Rekord-tempo weg. Niemand von den Experten sagte uns, woran das liegen könnte. Man verdrängte das Problem bis in die 8oziger Jahre und erst mit der letzten ABB 8. Auflage wurden dann end-lich die Normen angepasst. Natürlich wussten wir schon lange, dass wir es mit einem galvanischen Element zu tun hatten, doch es wurde bei allen Firmen weitergemurkst. Wir hätten eigentlich schon lange V4A Edelstahlleitungen ins Erdreich legen müssen, nur, die Konkurrenz machte es aus Kostengründen nicht und wir natürlich auch nicht, schließlich wollten wir auch Aufträge be-kommen. Die meisten seriösen Blitzschutzfirmen gingen dazu über, Anschlussleitungen an Tiefenerder mit Kunststoff-Mantel-Leitungen zu verbauen. Doch der Erder blieb bis in VDE 0185 Zei-ten feuerverzinkt. Inzwischen erleben wir auch hier einen lang-samen Übergang zum generellen Einbau von VA Erdleitungen und VA Tiefenerdern. Doch die Billigmacher in der Branche sind eben nicht auszurotten und verarbeiten sogar Aluminium-Knet-legierungen im Erdreich. Man sollte es nicht glauben, aber es ist so. Ich finde alle seriösen Firmen, sollten gemeinsam gegen sol-che Missstände vorgehen und diese Dinge konsequent verfol-gen.

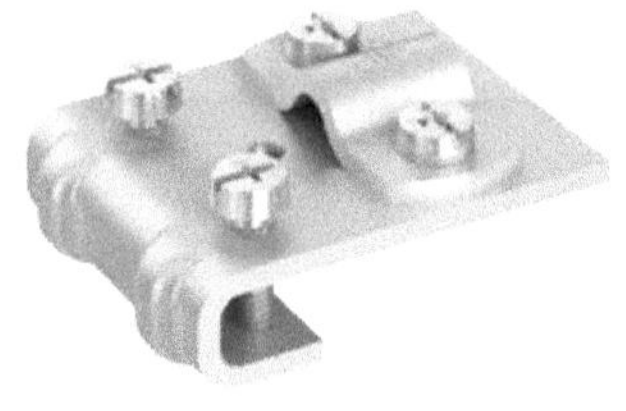 

Ein ähnliches Problem stellen die von allen Material-Herstellern produzierten Blechanschluss-Klemmen dar.
Jeder weiß es, dass sie nicht der Norm entsprechen, kaufen und verbauen sie aber trotzdem und dass, obwohl es alle Bauteile auch mit den genormten 10 cm² Kontaktflächen gibt, nur die einfachen Klemmen, die höchstens eine Kontaktfläche von 5 cm² besitzen.

Die Blechfalzklemme von Pröpster ist inzwischen verbessert worden, doch die Kontaktflächen des Drahtanschlusses und auch die untere Blechverbindung ist keinesfalls 10 cm² groß. Zugegeben, ich habe in meinem nun 60zigjährigem Blitzschutzleben nie ein durchgebranntes Blech gesehen. Das mag daran liegen, dass durch die Blitzstromaufteilung einer gut gebauten Anlage, kaum einmal extrem hohe Spannungen an einer einzelnen Klemme auftreten. Es kann jedoch im worst case Fall dazu kommen und wenn brennbares Material in der Nähe ist, dann funkt es. Deshalb hier meine Mahnung an die Hersteller, nur noch normgerechte Bauteile herzustellen und zu verkaufen. Bei dem heutzutage betriebenen Aufwand wird doch wohl diese kleine Kostenerhöhung noch irgendwie machbar sein. Das Argument der Hersteller kann ich auch gleich liefern, sie behaupten nämlich, dass diese einfachen Klemmen „nur" zur Drahtbefestigung geeignet sind. Soll heißen, dass man sie nur als Leitungshalter benutzen darf. Also nicht an einer Stelle einzusetzen sei, wo hohe Übergangsströme fließen können. So, so? - toll, nicht war, der Monteur muss noch geboren werden, der dann genau weiß, wo er die Billigklemme einsetzen darf und wo nicht. Wenn man nun die einfachen Blechklemmen „nur" als Leitungshalter einsetzt, dann muss mir mal jemand erklären, warum über diese Klemmen nicht die gleichhohen Spannungen fließen, wie über die teureren normgerechten Klemmen. Schon komisch nichtwahr? Zum Vergleich unten noch ein paar normgerechte Blechanschlussklemmen.

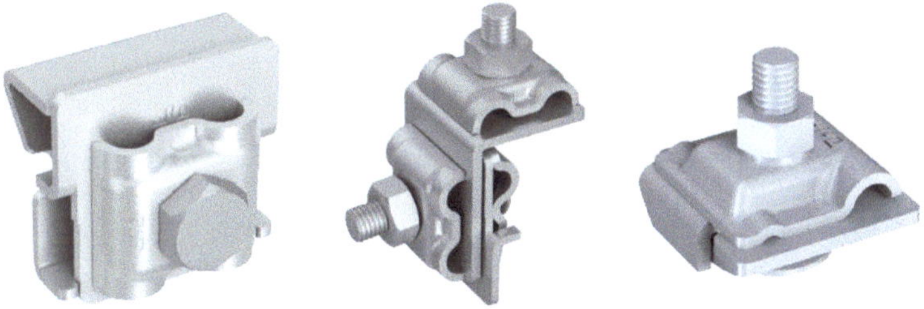

Ende des 2. Teiles

Dritter Teil
Die neuen Blitzschutznormen, der Auffang-Stangen-Wald und
die Trennungsabstände.

Historische Auffangstangen mit Wasser-Abtropftellern

Die Vielfalt der heutzutage auf Dächern angebrachten technischen Einrichtungen zwingt den Blitzschutzbau zu abenteuerlichen Konstruktionen, die man aber wohl bei Industrie- und
Zweckbauten tolerieren kann, bei „schönen Häusern" jedoch
nicht. Anscheinend ist es inzwischen egal, wie hässlich die Gebäude dann aussehen. Moderne Architekten sollten mal eine
Schulstunde bei den Industriebauten der Gründerzeit nehmen.
Doch da man ja schon die halbe Bundesrepublik mit

Solardächern verschandelt hat, kommt es nun darauf auch nicht mehr an.

Jeder Blitzschutzfachmann plant oder prüft zurzeit nur nach den am Baukörper außen sichtbaren technischen Gegebenheiten. Die wenigsten machen sich die Mühe auch nur ein kleines bisschen unter die äußere Dachfläche oder hinter die Wandflächen zu schauen bzw. die Fantasie walten zu lassen, was sich darunter so alles an metallischen- und elektro- und elektronischen Systemen versteckt. Warum nun diese oberflächliche Betrachtungsweise? "Was ich nicht weiß, macht mich nicht heiß", sagt ein altes Sprichwort. Würde, oder müsste der Blitzschutzfachmann dies tun, bliebe ihm nur die Möglichkeit Dachisolierungen, Putz, Tapeten, Fliesen und Wände etc. großflächig aufzureißen. Nur auf diese Art und Weise, könnten die zu tausenden vorhandenen Näherungen, bzw. Abstände der technischen Systeme zur Blitzschutzanlage und zu den metallischen Systemen im Haus zueinander, zuverlässig aufgespürt und die Trennungsabstände, die einzuhalten sind und welche die neue Norm fordert, ausgerechnet werden. Eine andere Möglichkeit wäre, nach dem Einbau einer Blitzschutz-Anlage den Göttervater Zeus (Oberste griechische Gottheit, der von den Kyklopen den Blitz, Zündkeil und Donner als Waffen erhalten hat) zu beauftragen, mal probeweise einen Blitz in das Haus einschlagen zu lassen. Falls es dann noch steht, könnte man natürlich auch erkennen, wo übersehene Näherungen bestehen. Da das nicht möglich ist, begnügt man sich mit dieser oberflächlichen Betrachtung.

Im unteren Bild wurde eine Auffangstange ca. 80 cm neben das Abluftrohr gestellt. Damit sie nicht umfällt, wurde sie mit Glasfaser verstärkten Haltestangen am Dunstrohr befestigt. Jeder Fachmann akzeptiert diese Ausführung ohne genauere Prüfung und sieht diese Konstruktion als normgerecht an, ohne weitere Prüfungen vorzunehmen. Dabei ist der einzuhaltende Trennungsabstand von zu vielen Faktoren abhängig, die ich hier aus Platzgründen nicht alle aufzählen kann. Der Abstand zwischen der die Dachfläche tragenden metallenen Trapezblech Konstruktion, und den darunter befindlichen Installationen, dürfte nach oberflächlicher Einschätzung, nicht mehr als 20 cm betragen. Selbst wenn der Abstand von 80 cm zum Abluftrohr groß genug ist, kann man ohne große Rechenarbeit ahnen, dass der Trennungs-Abstand vom unteren Ende der Stange im Betonsockel, zu den im oder unter dem Dachbereich befindlichen Installationen nicht ausreicht. Da die Dachleitungen den gleichen Abstand wie die Metallstange im Sockel zur Installation haben, ist diese Anlage mit Sicherheit nicht normgerecht gebaut. Das muss nicht heißen, dass sie bei einem Blitzeinschlag nicht einwandfrei funktioniert. Alle Blitzschutz-Errichter bauen seit Jahrzehnten Anlagen auf dieser Basis. Nur, sie sind eben nicht normgerecht, mir kann niemand erzählen, dass bei dem vermaschten Draht- und Stangensystem, alle Näherungen eingehalten werden und im Schadensfall haftet immer der Blitzschutz-Errichter.

Auf der unteren, vom Computer berechneten Tabelle sieht man die erforderlichen Trennungsabstände für die einzelnen Gebäudehöhen für Feststoffe oder Luftabstände, die für die Schutzklasse 3 eingehalten werden müssen. Bei Anlagen der Schutzklasse 1 oder 2 verringern sich diese Abstände gewaltig. Man bekommt dann die Näherungen nur noch mit aufgeständerten Leitungen oder HVI Kabeln in den Griff.

Bei der in Hintergrund befindlichen Lüfteranlage, ist die Näherung zur Blechattika deutlich sichtbar. Hier kann ein Trennungsabstand nur durch bauliche Maßnahmen erreicht werden, wenn man z. B. die Metallattiken durch Kunststoffbauteile austauscht. Nun erklären Sie diesen Aufwand bitte mal einem Bauherrn!

Der Berechnung zu Grunde liegen:
Die Schutzklasse 3
Erder Typ B
Gebäudeumfang 240 m
Anzahl der Ableitungen 12
Dachhöhe 6 m

m	Fest	Luft
1,00	0,04	0,02
2,00	0,07	0,04
4,00	0,14	0,07
6,00	0,22	0,11
8,00	0,29	0,14
10,00	0,36	0,18
12,00	0,43	0,22
14,00	0,50	0,25
16,00	0,58	0,29
18,00	0,65	0,32
20,00	0,72	0,36
22,00	0,79	0,40
24,00	0,86	0,43
26,00	0,93	0,47
28,00	1,01	0,50
30,00	1,08	0,54
32,00	1,15	0,58
34,00	1,22	0,61
36,00	1,29	0,65
38,00	1,37	0,68

Wie man sieht darf das Gebäude bei dieser Stangen- und Dach-
leitungs-Montage nicht höher als 6,00 m sein um den Trennungsabstand von 22 cm zu den im Gebäude befindlichen Installationen einhalten zu können. Beim Erder Typ A, oder den
Schutzklassen 1 und 2 vergrößern sich die Trennungsabstände

dramatisch. Wie man auf dem Bild sieht, ist das Gebäude mindestens 15 m hoch, damit ergibt sich ein einzuhaltender Trennungsabstand von ca. 50 cm, der nur eingehalten werden kann, wenn man HVI Leitungen verwendet, oder die Leitungen aufständert. Sie können aber aufständern so viel sie möchten, denn, alle Metall- und Blechelemente müssen mit den Dachleitungen verbunden werden. Diese haben nun wiederum Näherungen zu den "technischen Einrichtungen" des Gebäudes. Die Aufständerung ist also in vielen Fällen nur eine Vortäuschung, dass die Norm eingehalten wurde.

Die HVI-Leitungen (Noch nicht in die Normen aufgenommen aber Stand der Technik)

EAN 4013364118416, Herstellernummer: Dehn 819125

Leitung zum Einhalten des Trennungsabstandes bei Flachdächern. Durch die hochspannungsfeste Isolierung der HVI®-Leitung light wird ein unkontrolliertes Überschlagen z. B. durch die Dacheindeckung auf darunterliegende metallene oder elektrische Teile vermieden. Die Leitung wird mit einer Länge von 100 m auf einer Einwegtrommel aus Sperrholz (Durchmesser ca. 800 mm, Breite ca. 500 mm) inkl. 1 Stück Inbus-Schlüssel geliefert. Hochspannungsfeste isolierte HVI®-Leitung light zum Einhalten des Trennungsabstandes zu elektrisch leitenden Teilen nach DIN EN 62305-3 (VDE 0185-305-3) Äquivalenter Trennungs-Abstand 0,45 m (in Luft) oder fest 0,90 m (fester Baustoff). Die HVI®-Leitung light erfüllt die Anforderung EN 50164-2 (VDE 0185-202) Sie kostet für 100 Meter 2.172,70 EUR

Also 21,73 EUR pro Meter

inkl. 19 % MwSt

zzgl. Versandkosten

Auszug aus Dehn Internet Offerten.

Trennungsabstand HVI light Luft 45 cm Fest 90 cm
Trennungsabstand HVI power Luft 90 cm Fest 180 cm

Wie man sieht wird der Blitzschutzfachmann mit VDE, EAN, EN Normen, DIN und Verordnungen zugemüllt, kein normaler Mensch kann diesen Normenwust noch beherrschen, es sei denn, man beschäftigt sich nur noch damit, denn die VDE Normenwerke, einschließlich der Elektro-Installationen umfassen schätzungsweise 10.000 Regeln.

Die Angaben der Firma Dehn für den Trennungsabstand von HVI Leitungen sind wie durch ein Wunder nicht mehr von Gebäude-Höhen und von der Ausführungsart der Erdungsanlagen und natürlich auch nicht mehr von der Schutzklasse einer Blitzschutzanlage abhängig. Ist das nun Zauberei, nein natürlich nicht, wenn man HVI Leitungen einsetzt, müsste man eigentlich vom Trennungsabstand ausgehend, das Gebäude planen und bauen.

Das heißt in Schutzklasse 3 - können bis zu einer Gebäudedach-
höhe von 50 m HVI light (Trennungsabstand Fest 90 cm) eingebaut werden.
Bei der Schutzklasse 1 müsste man HVI power (Trennungsabstand Fest 180 cm) Leitungen bei dieser 50 m Gebäudehöhe verwenden.

Ab diesen Gebäudehöhen müssen Ringleiter mit jeweils einer
weiteren Potentialausgleichsebene ins Gebäude integriert werden. Durch diese Maßnahme kann der Trennungsabstand natürlich auch bei "normalen" Anlagen weiter verringert werden.
Aber genormt ist genormt und gottseidank müssen nun die
Blitzschutz-Errichter bei der Verwendung dieser Wunderleitungen, nicht mehr viel rechnen, sondern können endlich wieder
Blitzschutzanlagen montieren. Wie man sieht: Alles ist relativ,
leider hat die Sache ein Geschmäckle, man will eventuell nur
noch die teuren HVI Leitungen verkaufen?

Eine berechtigte Frage ist auch, wie lange die HVI Leitungen der
UV - und Infrarot-Wärmestrahlung durch das Sonnenlicht standhalten, dem sie auf den Dächern ständig ausgesetzt sind. Nach
meiner Erfahrung sind die auf den Dächern verwendeten Kunst-
stoff-Dachleitungs-Halter nach 10 bis 15 Jahren zerbröselt. An einigen von unserer Firma eingebauten HVI-Leitungen, sind schon
nach zehn Jahren die Schrumpf-Prozesse des Kunststoffman-
tels, an den Leitungsenden deutlich ausgeprägt sichtbar. Man
darf gespannt sein, wer die Haftung übernimmt, wenn sich in
weiteren 10 Jahren die ersten Leitungen auflösen. Genauso wie
es damals bei den Kunststoff-Leitungshaltern passiert ist, liefer-
ten die Hersteller neue Halter, aber den Austausch überließen
sie den Errichtern und so wird das vermutlich auch bei den
Neuen HVI Leitungen sein.

Deshalb sollten die Blitzschutzbaubetriebe für Reklamationen, schon einmal Rückstellungen in ihren Bilanzen vorsehen. Bei Wikipedia findet man zu dem Thema folgendes:

„Lichtschutzmittel schützen gegen eine Schädigung durch ultraviolettes Licht. Doppelbindungen zwischen Kohlenstoffatomen sind in der Lage, Licht dieser Wellenlänge zu absorbieren, daher sind vor allem Kunststoffe durch UV-Licht gefährdet, die dieses Strukturelement aufweisen (z. B. Polyisopren). Allerdings können aufgrund von Katalysatorrückständen, Strukturfehlern und Nebenreaktionen bei der Verarbeitung praktisch alle Polymere ein Absorptionsvermögen für UV-Strahlung zeigen. Diese induziert die Bildung von freien Radikalen im Material, die Nebenreaktionen, wie Zerfall der Kette und Vernetzungen einleiten. Es existieren grundsätzlich drei Wege eine Schädigung zu verhindern: Reflexion des Lichts, Zusatz von lichtabsorbierenden Stoffen und Zusatz von Radikalfängern. Wichtige Lichtschutzmittel sind Ruß, der die Strahlung absorbiert, σ-Hydroxybenzophenon, das die Energie in Infrarotstrahlung umwandelt und Dialkyldithiocarbamate, die UV-Licht absorbieren und als Radikalfänger fungieren.[26]

Kunststoffe sind empfindlich gegenüber Wärmeeinwirkung. Oberhalb einer für das Material charakteristischen Temperatur (Zersetzungstemperatur) setzt der Zerfall der molekularen Struktur ein. Wärmestabilisatoren sollen dies verhindern. Unerlässlich sind diese für Polyvinylchlorid, das sonst, unter Bildung von Chlorwasserstoff und u. U. gesundheitsschädlicher Zerfallsprodukte, seine mechanische Stabilität einbüßen würde.[27] *Der Zerfallsmechanismus verläuft über die Bildung von Doppelbindungen. Organische Barium-, Zink-, Zinn-, und Cadmiumverbindungen und anorganische Bleisalze komplexieren diese und unterbrechen so den Zerfallmechanismus.*[26] *Vor allem die Bleiverbindungen stellen hinsichtlich der Entsorgung des Kunststoffs ein nicht unerhebliches*

Umweltproblem dar. Derzeit sind 80 % der Wärmestabilisatoren auf der Basis von Blei.[24] Die chemische Industrie ist zurzeit allerdings bemüht, diese zu ersetzen. So wurde bei Cognis speziell für Fensterprofile ein Stabilisator auf der Basis von Calcium und Zink entwickelt.

Bei Bränden geht von Kunststoffen eine große Gefahr aus, da sie zum einen in der Lage sind die Brände zu unterhalten und zum anderen bei einer unkontrollierten Verbrennung giftige oder ätzende Gase, wie Blausäure, Kohlenstoffmonoxid, Chlorwasserstoff und Dioxine frei werden. Flammschutzmittel verhindern entweder den Sauerstoffzutritt zum Brand oder stören die chemischen Reaktionen (Radikalkettenmechanismen) der Verbrennung. Polycarbonate erfordern oft keine Flammschutzmittel, da als Löschmittel wirkendes Kohlendioxid ein Zerfallsprodukt des Polymers darstellt."

Ein weiterer Kommentar erübrigt sich wohl.

Weil das Berechnungssystem zu komplex ist, kann der Trennungsabstand nur mit Computerprogrammen ermittelt werden. Die angegebenen Zahlen sind daher nur Durchschnittswerte. vile Firmen sind heute kaum in der Lage eine komplexe Blitzschutzanlage zu planen und müssen sie bei den Material-Herstellern „Planungshilfe" holen. Für explosionsgeschützte Gebäude, wie sie in der chemischen Industrie häufig vorkommen, kostet eine verantwortlich durchgeführte Blitzschutzplanung dann schon mal 5000- 10.000 €.

Wie man unten sieht müsste man die Stangen auf erhöhten Kunststoffkonsolen aufständern, leider würden sie dann dem Winddruck nicht mehr standhalten können. Schon für diese relativ einfachen Dachaufbauten (Bild unten) käme nur eine HVI

Blitzschutzleitung in Frage, weil man die Näherungen anders nicht beherrschen kann. Als Auffangstangen könnte man auch GFK-Masten, die oben eine metallene Auffangspitze besitzen, verwenden. Bei metallenen Stangen wären HVI Leitungen notwendig. Die bauseits vorhandenen Näherungen, sind mit einer konventionellen Blitzschutzanlage nicht beherrschbar, weil sie ihrerseits Näherungen zu Installationen innerhalb des Gebäudes haben, die man nicht entfernen oder verändern kann.

Aufgeständerte Aluminiumknetlegierung 8mm, erstellt von einer Firma, welche die neuen Normen bestimmt noch nicht ganz verstanden hat. Hier hätte es ausgereicht, wenn man links vom Kamin eine weitere hohe Auffangstange gestellt hätte und diese in Verbindung mit die Antennenaufbauten vermascht, den Blitzstrom zu den Ableitungen geführt hätte.

Eine weitere Frage tut sich für mich auf: Haben die Errichter und die Normenmacher auch mal daran gedacht, dass die Technik-Aufbauten gewartet und instandgehalten werden müssen? Wie sollen denn die Leute bei diesem "Gartenzaun" noch ihre Dachflächen, z. B. für Reparatur- oder Reinigungsarbeiten begehen können, bzw. Werkzeuge, Geräte und Hilfsmittel an die benötigten Stellen bringen können. Da die Berufsgenossenschaften bei Dacharbeiten äußerst penibel Gurt- und Leinensicherungen verlangen, kann man sich mit einiger Fantasie vorstellen, wie eine solche Anlage nach ein paar Jahren aussieht, wenn die "Hammelherde" das Dach wieder verlassen hat. Da kommen jedem Blitzschutzfachmann die Tränen, denn es war schon immer so, dass zu unserem großen Ärger auf Flachdächern die Blitzschutzleitungen zertrampelt wurden. Ich würde vorschlagen das bayrische Almzaun-Model in den Blitzschutzbau zu integrieren. Man sollte zum Überqueren der Drahtzäune Holz-Treppen aufstellen, aber ich fürchte viel würde diese Maßnahme auch nicht bringen.

Daher ist es eine Illusion, wenn man versucht auf komplexen mit hohem Technikanteil bestückten Dächern mit diesen Konstruktionen eine normgerechte Blitzschutzanlage zu errichten. Es gibt nur einen einzigen Weg, man muss die oben beschriebenen HVI-Leitungen verwenden, aber da kommen dann wieder die Gebäudehöhen in Betracht, ab denen man diese Leitungen nicht so einfach verwenden darf, weil auch hier die Trennungsabstände eingehalten werden müssen. Das bedingt umfangreiche Schutzwinkel und Blitzkugelberechnungen die zeichnerisch ermittelt werden müssen. Es würde den Rahmen dieses Buches sprengen, hier alle diese Faktoren aufzulisten. Natürlich muss man dann vermutlich auch alle 20 - 25 Jahre diese Leitungen austauschen, wenn der Kunststoffmantel von der Sonne zerstört ist. Wer mir nicht glaubt, sollte den Trennungsabstand selber nachrechnen. Wie in obiger Tabelle ersichtlich, ist schon in 20 m

Dach-Höhe ein Trennungsabstand von Feststoff 0,72 m und in Luft 0,36 m erforderlich, in 30 m Höhe sind es dann schon 1,08 m Feststoff und 0,54 m Luftabstand. Wie man sieht, sind die einzuhaltenden Trennungs-Abstände nur mit zusätzlichen Ringleitern und weiteren Potential-Ausgleichsebenen zu schaffen und dadurch wird es mit zunehmender Gebäudehöhe immer kritischer. Ein Bild sagt mehr als tausend Worte, wenn Sie mehr darüber wissen und sehen möchten, schauen Sie in YouTube rein: http://www.youtube.com/watch?v=oIZUUKvEuao

So weit so schlecht, weil sich die Kosten für eine moderne, normgerechte Blitzschutzanlage potenzieren. Kostete 1 m² Dachfläche Blitzschutz einstmals 5 - 10 € fix und fertig montiert, verteuert die neue Norm alle Anlagen um das bis zu zehnfache und mehr. Für die Montage von komplexen Anlagen benötigt man Kunststoffstangen mit einer oben angebrachten Metallauffangspitze. Eine Auffangstange von 10 m Höhe kostet im Moment 2000,00 € Listenpreis. Verwendet man nur 10 solche Stangen, kommt man schon hier auf einen Einkaufspreis ca. 10.000,00 €. Man kann nur schätzen, was die gesamte Anlage einschließlich Montage kosten würde. Eine Blitzschutzanlage, die von unserer Firma bei der BASF vor 16 Jahren installiert wurde, kostete damals als ABB 8. Auflage ca. 15.000,00 DM. Die Umrüstung auf die Schutzklasse 1 wurde von unseren Technikern auf ca. 200.000,00 € veranschlagt. Diese Zahlen sind nachweisbar, ich kann jederzeit die Planungs- und Angebots-Unterlagen vorlegen. Allein die Planung dieser Anlage kostete bei der Fa. Dehn fast 4000 €.

Die Statik der Stangen und das Gewicht der teilweise verwendeten Flachdachständer, ist ebenso als äußerst problematisch anzusehen, weil es sich immer um eine Punktbelastung handelt, für die die meisten Dachabdichtungen mit ihren darunterliegenden Isolierungen nicht vorgesehen sind.

Da es während eines Gewitters zur Ionisierung der Stangen kommt, die den elektrisch geladenen Wolken eine Fangladung bietet, befürchte ich, dass der Stangenwald eher mehr Blitze anzieht und dadurch die Einschlags-Häufigkeit erhöht wird und damit einhergehend auch die Verschlimmbesserung der Elektronikschäden potenziert. Interessierte Leser sollten sich den Vorgang der Ionisierung von Atomen, durch Energiezufuhr in WikipediA ansehen.
https://de.wikipedia.org/wiki/Ionisierungsenergie

Damit keine unbeherrschbare Näherung zu unter der Dachhaut befindlichen Installationen entsteht, hat die Errichter-Firma glasfaserverstärkte Rohre, die oben eine metallene Auffangspitze haben, verwendet. Die Ableitung des Blitzstromes erfolgt über eine seitliche Drahtseilverbindung.

Die Auffangstangen bilden einen Schutzbereich für die hohen Dachaufbauten und die Solarzellen, teilweise wurden auch HVI-Leitungen als Übergang zu den Attiken und den Ableitungen verwendet. Wie man hier sieht, wurden die Trennungsabstände zu den Dunstabzugs-Rohren eingehalten, zusätzlich bilden die beiden Auffangstangen vorn und im Hintergrund, einen Schutzbereich für die Lichtbänder, doch unten ist der seitliche Abstand von der Strebe zur Blechabdeckung und der Abstand zu den unter der Dachhaut befindlichen Installationen zu klein.

Die Metallkonstruktion der Stangenhalterung hat wegen der Gebäudehöhe mit Sicherheit eine Näherung zur Trapezblech-Unterkonstruktion. Welche abenteuerlichen Konstruktionen entstehen um die Näherungswerte einzuhalten verdeutlicht das Bild unten. Das ist der absoluteste Blitzschutzhorror, den ich je gesehen habe und ich bin immerhin über 60 Jahre in dieser Branche tätig.

Eine Adams Wuling

Wie wirkt sich nun die neue Norm bei Wohnhäusern aus? Hier bemühten sich Blitzschutzfirmen über Jahrzehnte hinweg, mit sehr schön an die Gebäude "fast unsichtbar" angebrachten Anlagen, den Blitzschutz Architekten und Hausbesitzern "schmackhaft" zu machen. Nun mit den neuen aufwendigen Normen, verteuern sich Blitzschutzanlagen bis zum Zehnfachen. Die anzubringenden Auffangstangen und die dicken HVI- Leitungen, die zur Erzielung des errechneten Trennungsabstandes notwendig werden, lassen auch den letzten Bauherren vor dem

Einbau einer Blitzschutzanlage zurückschrecken. Schauen wir uns nun mal die Berechnung von Trennungsabständen bei gewöhnlichen Wohnhäusern an. Da die weitaus meisten heute ein ausgebautes Dachgeschoss oder aber Beleuchtungen in den Dachkammern und in den Wänden verborgene Elektroleitungen haben, würde der erforderliche Trennungsabstand schon bei 8,00 m Firsthöhe so aussehen.

Der Berechnung zu Grunde liegen:
Schutzklasse 3
Erder Typ B
Gebäudeumfang 54 m
Anzahl der Ableitungen 4
Firsthöhe 8 m

m	Fest	Luft
1,00	0,04	0,02
2,00	0,08	0,04
4,00	0,17	0,08
6,00	0,25	0,13
8,00	0,34	0,17
10,00	0,42	0,21
12,00	0,50	0,25
14,00	0,59	0,29
16,00	0,67	0,34
18,00	0,75	0,38

Wie man sieht müssen am First in 8 m Höhe schon 34 cm Abstand von allen anderen Installationen eingehalten werden. Das ist bei ausgebauten Dachgeschossen nicht zu schaffen. Denn ich gehe mal davon aus, dass man bei Wohnhäusern, im Außenbereich aus ästhetischen Gründen, keine HVI Leitungen verwenden wird.

Die Norm empfiehlt nun die Anzahl der Ableitungen zu erhöhen, das sieht dann mit 6 Ableitungen so aus:

m	Fest	Luft
1,00	0,04	0,02
2,00	0,08	0,04
4,00	0,15	0,08
6,00	0,23	0,11
8,00	0,30	0,15
10,00	0,38	0,19
12,00	0,45	0,23
14,00	0,53	0,26
16,00	0,60	0,30
18,00	0,68	0,34
20,00	0,76	0,38

Trennungsabstand 30 cm.

m	Fest	Luft
1,00	0,04	0,02
2,00	0,07	0,04
4,00	0,14	0,07
6,00	0,21	0,11
8,00	0,29	0,14
10,00	0,36	0,18
12,00	0,43	0,21
14,00	0,50	0,25
16,00	0,57	0,29
18,00	0,64	0,32
20,00	0,71	0,36

Mit 8 Ableitungen so: 29 cm.

m	Fest	Luft
1,00	0,03	0,02
2,00	0,06	0,03
4,00	0,13	0,06
6,00	0,19	0,10
8,00	0,26	0,13
10,00	0,32	0,16
12,00	0,38	0,19
14,00	0,45	0,22
16,00	0,51	0,26
18,00	0,58	0,29
20,00	0,64	0,32

Und mit 20 Ableitungen so: 26 cm.

Es hilft also gar nichts die Anzahl der Ableitungen zu erhöhen, außerdem kann man höchstens ein bis zwei weitere Ableitungen einbauen, und so ein paar Zentimeter Trennungsabstand "schinden". Die Norm sollte eigentlich einen Faraday'schen Käfig vorschreiben, dann wären alle Probleme erschlagen.

Wohngebäude mit Auffangstangen an der Solarthermie. Wie man sieht ist das Anbringen von Auffangstangen auf Satteldächern sehr problematisch. Bei einem ordentlichen Sturm mit Windsstärke 8 - 10 brechen die an den Hohlziegeln befestigten Stangenhalterungen aus. Was sind Näherungen, wo und wie kommen sie zustande. Die Idealvorstellung von Blitzschutz ist eine Anlage, die das Gebäude in einen pseudo-faradayschen Käfig einhüllt. Um dies zu erreichen müsste man es in einen Metallkäfig einhüllen. Um diesem Ideal möglichst nahe zu kommen, werden am und auf dem Gebäude Auffang- und Ableitungen engmaschig montiert und am Boden im Erdreich geerdet. Eine solche Anlage bezeichnet man als "Integrierte Blitzschutz-Anlage". Also, eine Anlage die ins Gebäude integriert und daran befestigt wird. Eine andere Methode ist, neben einem Gebäude eine oder mehrere Auffangstangen aufzustellen, die hoch genug sind um es in einen Schutzraum einzuhüllen. Eine solche Anlage bezeichnet man als "Isolierte Blitzschutz-Anlage". Also, vom Gebäude getrennt. Das ist die Ideale Anlage, lässt sich aber nur bei niedrigen Gebäuden realisieren. Die Stange oder mehrere Stangen bilden einen Schutzraum in den die Blitze nicht eindringen können, nur wer möchte schon im Garten oder an der Straße solche Stangen aufstellen?

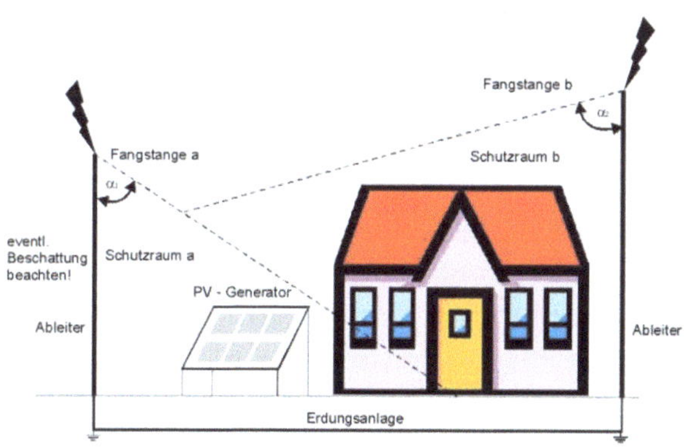

Die Auffang-Stangen haben einen ausreichenden Sicherheitsabstand zum Gebäude, der Blitz schlägt nur in die Stangen ein und eigentlich sollte nun auch im Haus nichts kaputtgehen. Es ist so, als würde der Blitz in den Baum hinten im Garten einschlagen. Aber, dem ist leider nicht so. Die hohen Spannungen breiten sich vom Einschlagspunkt nach allen Seiten ringförmig aus, es ist, als würde man einen Stein ins Wasser werfen. Diesen Effekt nennt man einen Spannungstrichter. Die Spannung nimmt vom Mittelpunkt nach außen ab. Ist nun die Erdungsanlage = Fundamenterder oder eine Erdringleitung mit der Mast-Erdung verbunden und das sollte sie sein, wird bei einem Einschlag die Spannung in allen benachbarten metallischen Systemen angehoben. Das Spannungsgefälle verläuft vom Mittelpunkt des Spannungstrichters absteigend zu den Systemen im Haus. Wegen der Spanungsdifferenzen sollte eigentlich nichts passieren, aber Spannung kann nur abgebaut werden, wenn sie sich ausgleicht. Nehmen wir mal zwei Wasserbehälter und verbinden sie unten mit einem Rohr. Den einen gießen wir voll Wasser, was nun passiert kann sich jeder denken. Erst wenn die Wasserhöhe = Stromstärke ausgeglichen ist, wird der Wasserstrom nicht mehr fließen. Nun wissen Sie auch gleich, woher das Wort Strom im Sinne von Elektrizität kommt. Die Spannung steigt nicht nur in dem Medium Erde und in Erdungsleitungen an, sondern eben auch im den elektrischen und in sonstigen metallischen Leitungen, und da sind diese Kupferkabel, mit ihren drei bis fünf Adern das ideale Medium, die Spannung weiterzuleiten und abzubauen. Sicher haben Sie schon einmal von einer Induktion gehört. Na klar – Physikunterricht -. Ein spannungsdurchflossener Leiter (Deutsches Mamut-Wort) induziert eine Spannung in einen benachbarten Leiter. Ja so funktioniert seit Werner von Siemens jeder Transformator. Ohne dass die Spulen miteinander verbunden wären, induzieren sie einen Strom in die benachbarte Spule. Aber auch jeder Motor funktioniert auf die gleiche Art und

Weise, nur das hier, durch eine Phasenverschiebung die Wicklungen angeregt werden und einen Drehimpuls auf den Anker ausüben. Elektrische- wird in kinetische Energie = mechanische Leistung konvertiert (umgewandelt).

Bei der Elektroinstallation bewirken die Induktionen, dass auch auf den vorher nur 230 - 400 Volt führenden Phasen plötzlich 100 Kilovolt und mehr fließen. Da dieser Strom nun Spannungsausgleich sucht, denn Spannung muss sich ja immer wieder entspannen, so hat es die Natur vorgesehen. Man muss sich das so vorstellen. Wenn Sie einen Topf von Herd nehmen, ist er heißer als seine Umgebung, er kühlt aus und sein unmittelbares Umfeld wird wärmer, er gibt seine Energie ab und es kommt zum Temperaturausgleich. Beim Spannungsausgleich dauert dieser Prozess nur Millisekunden. So wird es niemand wundern, wenn im elektrisch- elektronischem System des Hauses einiges zu Bruch geht. Da brennen Sicherungen durch, da geben elektronische Schaltungen den Geist auf usw. Nun haben unsere Elektroingenieure, sich natürlich auch was einfallen lassen, um dem zu begegnen. Das Zauberwort heißt Trennungsabstand und Überspannungsschutz, doch davon weiter unten mehr, hier nur so viel, der Überspannungsschutz leistet nicht so viel, wie es uns die Hersteller der Geräte weißmachen wollen.

Sind die Erdungen nicht miteinander verbunden, oder Sie haben überhaupt keinen Blitzschutz auf dem Haus, ist es genau so, als ob der Blitz in einen Baum auf dem Grundstück eingeschlagen hätte. An diesem Einschlagspunkt entsteht der Spannungstrichter. Die sehr hohen Impulse werden von der Erdungsanlage aufgenommen und koppeln den Strom in die Gebäudeinstallation ein.

Es erfolgt eine sogenannte Ohm'sche-Einkopplung. Das muss man sich in etwa so vorstellen, als wenn ein Riese an dieser Stelle eine Wasserschüssel mit hunderttausenden Kubikmetern Wasser ausgeschüttet hätte. Dieser Strom schlägt in Wellen impulsartig in das Gebäude ein und zerstört die schwächsten Bauteile der Infrastruktur des Gebäudes. Die hohen Spannungen induzieren innerhalb der elektrischen Versorgungsleitungen des Hauses z. B. Strom-Versorgungsnetz, Telefonleitungen, Antennen-Koaxialleitungen, Netzwerkkabel, etc. einen Strom mit Scheitelwerten bis 100 kA. Da fliegt der Putz von den Wänden, elektrische Leitungen schmoren durch, Fernseher, Radios, Heizungssteuerungen, Computer werden zerstört, eventuell brechen Brände aus, wenn die Spannungsspitzen hoch genug sind. Die Auswirkungen der Putzabsprengungen entlang der Unterputzleitungen, an Metallschienen- und Blechen sind auf die hohe elektromagnetische Wirkung zurückzuführen. Was ist das nun

wieder? Um Metallteile die von Strom durchflossen werden, entsteht ein elektromagnetisches Feld. Eine Spule hat ja jeder schon mal in einem offenen Elektromotor gesehen. Fließt nun ein Strom - erzeugt er eine elektromechanische Wirkung und der Anker dreht sich - leistet Arbeit. Die elektrische Energie wird in mechanische umgewandelt. Was hier passiert, ist mit den Auswirkungen beim Blitzeinschlag vergleichbar, elektrische Energie wird in mechanische umgewandelt. Wer es noch genauer wissen möchte kann ja mal Googlen:
https://de.wikipedia.org/wiki/Elektromagnetische_Wechselwirkung

Es hat schon Gebäude gegeben, die durch einen kapitalen Direkt-Blitzeinschlag total zerstört wurden. Sind im oder am Gebäude feuchte Stellen, verdampft das Wasser beim Stromdurchfluss explosionsartig. Die Wirkung auf Menschen ist durchschlagend, so könnte man es nennen, ein Erwachsener besteht zu 75% aus Wasser. Ich habe es einmal selbst erlebt, wir gingen mit meiner Frau abends noch eine Runde spazieren, ein Gewitter war schneller über uns als wir nachhause kamen. Wir rannten zwischen Betriebsgebäude und dem Wohnhaus der Firma Lösch KG Spezial-Blitzschutzbau hindurch, im selben Moment, schlug der Blitz in das mit einer Blitzschutzanlage ausgestattet Wohnhaus, in die Hochantenne ein. Neben dem Schock des gewaltigen Naherlebnisses, lief ein äußerst unangenehmes Kribbeln durch den ganzen Körper, Herzrasen, Zittern und Übelkeit dauerte eine gewisse Zeit an und erst nach Stunden klangen diese Symptome wieder ab. Da wir uns seitwärts vom Haus, also ca. 10 m vom Spannungs-Trichter entfernt befanden, sind wir natürlich vom Strom durchflossen worden. Vermutlich hat uns das schnelle rennen, wo man immer nur mit einem Fuß den Boden berührt, das Leben gerettet, sodass kein hoher Körperstrom geflossen ist.

Die deutsche Versicherungswirtschaft teilt zu Blitzschäden in Deutschland folgendes mit:

Blitz und Überspannung sorgen für viele Schäden.
Sommerliche Hitzegewitter sorgen immer wieder für viele Schäden an Häusern oder in Wohnungen. 2012 verursachten 410.000 Blitz- und Überspannungsschäden Kosten von 330 Millionen Euro bei den Hausrat- und Wohngebäude-Versicherern. Im Vergleich zu 2011 waren das zwar 30.000 Schäden weniger, die entstandenen Kosten sind jedoch gleich hoch geblieben.
2012 hat es 410.000 versicherte Schäden durch Blitze und Überspannung gegeben. Im Vergleich zu 2011 waren es damit 30.000 Schäden weniger. Dieser Rückgang spiegelt sich jedoch nicht in den ausgezahlten Leistungen der Hausrat- und Wohngebäudeversicherer wider: Mit 330 Millionen Euro in 2012 zahlten sie genau so viel aus wie im Jahr zuvor. Nur, die Einzelschäden werden teurer, die GDV-Statistik belegt, dass Blitz- und Überspannung, immer teurere Einzelschäden verursachen. 2006 gab es 550.000 Schäden, die mit 340 Millionen Euro beglichen wurden. Innerhalb von sechs Jahren, stiegen somit die Versicherungsleistungen für einen durchschnittlichen Blitzschaden um 30 Prozent.
Grund für diese Entwicklung ist sowohl die Vielzahl, als auch die Hochwertigkeit der elektronischen Geräte in deutschen Haushalten, Büros und Werkhallen.

Blitz- und Überspannungsschäden sind regional und saisonal sehr unterschiedlich verteilt. Vor allem im Süden Deutschlands und im Erzgebirge blitzt es sehr oft. 2012 waren die Blitzhochburgen Ost- und Südbrandenburg, Sachsen und das Allgäu.

Blitz- und Überspannungs-Schäden haben zwei spezifische
Merkmale: Zum einen treten sie saisonal unterschiedlich stark
auf. In der Langzeitbetrachtung zeigt sich eine Häufung in den
Sommermonaten Juni und Juli. Zum anderen sind die Schäden
regional sehr unterschiedlich verteilt. Vor allem im Süden
Deutschlands und im Erzgebirge blitzt es sehr oft. 2012 waren
die Blitzhochburgen Ost- und Südbrandenburg, Sachsen und das
Allgäu. Häufiger sind Schäden auf dem Land, als in der Stadt. Einen Einfluss auf Blitzschäden hat aber auch das direkte regio-
nale Umfeld. Als Faustformel gilt hier: In einer Stadt, die ein weit-
verzweigtes Leitungsnetz hat, führt ein Blitz-Einschlag deutlich
seltener zu einem Überspannungs-Schaden als auf dem Land.
Wie kann man Gegen Blitz- und Überspannungsschäden vorbeu-
gen? Blitzableiter am Haus schützen das Gebäude vor Bau- und
Brandschäden. Der Blitzableiter sorgt dafür, dass die Energie zur
Erde abgeleitet wird. Für die Elektroinstallation und die elektrischen Geräte im Haus reicht ein Blitzableiter aber nicht aus. Für
deren Schutz sind sogenannte Grob- und Feinschutzgeräte notwendig, die sich in der Elektroverteilung und vor dem zu schützenden Gerät befinden. Wenn kein Überspannungsschutz

installiert ist, sollten bei Gewittern die Stecker von Elektrogeräten abgezogen sein.

Mit Wohngebäude- und Hausratversicherung gegen Blitz- und Überspannungsschäden versichern

Die Wohngebäudeversicherung schützt vor den finanziellen Folgen, bei Blitzschäden am Haus, das heißt Schäden die am Dach, am Mauerwerk oder an fest eingebauten elektrischen Installationen auftreten.

Die Hausratversicherung übernimmt Blitz- und Überspannungsschäden im Haus, wie beispielsweise an der Telefonanlage, dem Fernsehgerät oder dem Inventar, wenn Sie den zusätzlichen Schutz gegen Überspannungen mitversichert haben.

Wissenswertes über Blitze:

Durchschnittliche Blitztemperatur: 30.000 Grad Celsius Höchster Jahreswert an Blitzen: Maximal 2,7 Millionen Blitze im Jahr 2007 Der Tag mit den meisten Blitzen: 29.6.2005 (277.768 Blitze)

Ende des Auszugs

Weitere Blitzkennwerte:

Blitz-schutz-klasse	kleinster Scheitelwert des Blitzstroms in Ampere	max.Scheitelwert des Blitzstroms I_{max} / kA	Wahrscheinlichkeit, dass der Strom $I < I_{max}$
I	≥ 2900 A	200 kA	99 %
II	≥ 5400 A	150 kA	98 %
III	≥ 10100 A	100 kA	97 %
IV	≥ 15700 A	100 kA	97 %

Der Bauteile Hersteller Dehn hat in diesem Link viele Fragen zum Blitzschutz zusammengestellt.
http://www.dehn.de/de/haeufig-gestellte-fragen
Hier noch ein paar Bilder die erkennen lassen welche Schäden Blitze anrichten können.

Bild: Wohnhausbrand durch Blitzeinschlag.

In der Nähe von Murrhardt, hatte nachmittags der Blitz eingeschlagen. Eine ältere Dame wurde auf dem Sofa von Putzabsprengungen und einem Funkenregen, aus geschmolzenen Streckmetall-Matten, überschüttet, welche die Gipser unter ihrem Putz auf die Wand aufgenagelt hatten. Das Metallgitter sollte bewirken, dass der Putz besser mit der gemischten Unterkonstruktion aus Holz und Mauerwerk verbunden wird.

Der Vorgang zeigt wieder eindeutig, wie unkalkulierbar das Blitzgeschehen sein kann. Deshalb ist und wird es immer menschliches Bemühen bleiben, wenn die Blitzschutz-Errichter Blitzschutzanlagen planen und ausführen. Einen absoluten Schutz vor den Naturgewalten wird es leider nie geben können.

Weggeschmolzenen Elektroversorgungs-Leitungen

Zerstörtes Wohnhausdach. >Trotz Blitzschutzanlage Haus abgebrannt <, so berichtet die Presse immer wieder, ohne zu prüfen

wie alt der Bestand oder wie schlecht diese Anlage gewartet wurde. Nach meinen Erfahrungen ist das Haus in den 50ziger Jahren des 20. Jahrhundert erbaut worden. Die damals verwendeten Erdungsdrähte 10 mm feuerverzinkter Stahl sind natürlich verrostet - nicht mehr vorhanden, somit diente die ebenfalls verrottete Dach-Blitzschutz-Anlage nur noch als Blitzeinfangvorrichtung. Gebäude mit solchen gefährlichen Blitzschutzanlagen stehen massenhaft in den deutschen Landen. Spricht man die Hauseigentümer an, reagieren sie meistens indigniert bis allergisch, tun so als ob wieder so ein Besserwisser aufgetaucht ist und ihnen was verkaufen will.

Hier führte das explosionsartige Verdampfen der Kambrium-Schicht zum Absprengen der Baumrinde.

Das untere Bild zeigt enorme Schäden an Kabeltrassen, die nicht geerdet waren. Immer wieder passieren die gleichen Fehler. Kabeltrassen müssen blitzstromtragfähig verbunden und in den Potentialausgleich einbezogen werden.

Kabelschäden durch Blitzstrom

Zerstörter Fernseher

Herausgesprengte Elektroleitungen

Herausgesprengte Steckdosen

Geschmolzene Platinen

Hier noch ein paar Tipps aus meiner langen Erfahrung im Blitzschutzbau, die für Fachleute in dieser Branche vielleicht wichtig sein könnten.

Wie ich finde, gibt es zu viele gutgläubige Firmen z. B. Elektrofachfirmen, Dachdeckereibetriebe usw., die den Blitzschutzbau "auch betreiben". Sie machen es sich oft zu leicht und installieren Blitzschutzanlagen einfach nur so nebenbei. Sie haben nie das erforderliche know how erworben, aber denken, sie könnten so ein bisschen mitmischen und sich ein Zubrot verdienen. Diesen Leuten sei gesagt, dass gerade in dieser Branche mehr Wissen und Können erforderlich ist, als in den allermeisten anderen Handwerksbereichen. Gerade der Blitzschutzfachmann muss >fast< Elektroingenieur sein, zumindest Kenntnisse auf Elektromeisterebene haben. Er muss mit allen anderen Bautätigkeiten vertraut sein, weil er vom ersten Spatenstich beim Bau eines Gebäudes, bis zur Fertigstellung des Daches, den Ein- und Aufbau der Blitzschutzanlage bewältigen muss.

Es fängt mit dem Fundamenterder an, setzt sich mit dem Einbau von auf Putz- und unter Putz- oder einbetonierten Ableitungen fort. Da müssen Stahlkonstruktionen geerdet, da müssen Anschluss-Fahnen unten und oben vorbereitet werden, und hundert andere Dinge, mit den anderen Gewerken besprochen und mit dem Baufortschritt einhergehen. In aller Regel gefällt unser Gewerk den anderen überhaupt nicht, da werden unsere mühevollen Vorbereitungs-Arbeiten gnadenlos wieder zerstört, Erdungen abgerissen, zugeschüttet, oder lustig weiterbetoniert, "was, die Erdung fehlt, na und - da legen wir sie halt durch den Dreck, in die Baugrube - fertig - was wollen die denn eigentlich mit ihrem "Blitzschutz". Wir sind sozusagen die Stiefkinder am Bau, ein ungeliebtes Gewerk, dem man auch noch nachsagt, das alles braucht keiner und das bringt sowieso nichts, Punkt, fertig, Schluss. Dieser Aberglaube scheint auch fest in den Denkstrukturen der Bevölkerung verankert zu sein.

Als ich 1959 zum Blitzschutzbau kam, hatte ich das gleich zu spüren bekommen und von da an habe ich immer daran gearbeitet, diese Branche seriös zu machen und weiter zu entwickeln. Das können heutige Blitzschutzleute nicht wissen, aber Stück für Stück sind wir alten "Blitzer" langsam aber stetig damit vorangekommen, unsere Branche zum Erfolg zu führen.

Im Gegensatz zu allen anderen Handwerkern, beherrscht der Blitzschutzfachmann nicht nur sein Gewerk, sondern muss über alles was am Bau passiert Bescheid wissen. Im Gegensatz dazu wissen alle anderen Gewerke über den Blitzschutz - wie er funktioniert - wie und wann was ein und angebaut wird, überhaupt nichts. Das erschwert unsere Arbeit ungemein. Auch Elektro-Ingenieure und Architekten kümmern sich herzlich wenig um uns und bauen lustig drauflos. Ist dann das Dach drauf, werden sie plötzlich aktiv und nun muss ja noch ein Blitzableiter drauf. Manchmal ist das Gerüst auch schon abgebaut worden, dann verlangt man von uns Blitzschutzleuten, dass wir fliegen können oder, dass wir in der Lage sind die Leitungen unsichtbar zu machen.

Ach was soll denn das, die paar Drähte da montieren, das ist doch lächerlich. Hier nun nochmal eine kleine Aufzählung der Fertigkeiten eines Blitzschutz-Fachmannes:
Erdarbeiten mit Hacke, Spaten und Schaufel
Erdaufbrucharbeiten mit dem Bagger
Verdichten und abrütteln
Betonschneidearbeiten
Pflasterarbeiten
Makadam-Arbeiten
Kleine Beton- und Putzarbeiten
Schlosser- und Schweißarbeiten
Verfugungen
Einrammen von Tiefenerdern mittels schwerer Rammgeräte
Hydraulische Hebebühnen fahren und bedienen
Gerüstbau-Arbeiten
Klettern auf Dächern und hohen Kirchtürmen
Sicherungs-Arbeiten mit Seil und Haken oder mit Leitern
Industriekletterer
Dacharbeiten, Dachziegel und Dachdecker Arbeiten
Folienschweißen
Blechner-Arbeiten
Nieten und Löten
Kleine Holzarbeiten
Elektroarbeiten

Einbau von Überspannungsschutzgeräten
Metallurgie-Kenntnisse
Materialbeschaffenheit und Einsatz
Kraftfahrer und Logistiker
Lagerist
Bürokaufmann
CAD-Zeichner
Computerfachmann
Der Blitzschutzfachmann muss ein schwindelfreier Monteur mit gut durchgebildeter Muskulatur sein, außerdem sollte er alles über andere Gewerke wissen, wie und in welcher Reihenfolge sie am und im Bau ein- und angebaut werden. Indessen wissen die anderen Gewerke über den Blitzschutz überhaupt nichts und bemühen sich auch nicht in die Materie einzusteigen.

Es gibt immer noch Blitzschutzfirmen die Kupferdrähte strecken, statt halbharte Drähte zu verwenden, die man mit der Richtmaschine ausrichten kann. Weil durch das Strecken der Drähte die Durchmesser verringert werden, könnte es sein, dass ein versierter Prüfer die Anlage nicht abnimmt, weil der Draht nun zu dünn ist.

Viele – ja zu viele Firmen machen es sich zu einfach und kaufen Blitzableiter-Draht aus weichen Aluminium-Knetlegierungen und drillen diese mit einer starken Bohrmaschine. Das ist sehr bequem, man bringt die Rollen auf das Flachdach, drillt sie vor Ort gerade, und spart sich die Arbeit, den Draht durch die Richtmaschine zu ziehen. Durch das Drillen entstehen aber kleine Risse, welche die Oberfläche der Drähte anfällig für Korrosion machen. Die Haltbarkeit wird mindestens halbiert.

Die Erdung ist neben den Auffangeinrichtungen der wichtigste Bestandteil einer Blitzschutzanlage. Ist die Erdung gut, wird der Blitzstrom durch ein großes Erdungspotential schnell und sicher abgebaut. Eine hochwertige, langlebige Erdungsanlage mit einem geringen Erdungswiderstand garantiert ein schnelles Ableitvermögen. Als die Firma Lösch den Auftrag bekam das neue Sendezentrum des ZDF auf dem Lerchenberg bei Mainz mit einer Blitzschutzanlage auszurüsten, wurde ich in die Planung mit einbezogen. Die Vorarbeiten hatte Herr Dipl. - Ing. Hermann Neuhaus vom VDE geleistet.

Die praktische Arbeit begann mit Zeichnungen, die man uns als Blaupausen zu Tausenden zur Verfügung stellte, um darin die Fundamenterder einzuzeichnen. Das Gebäude steht auf ca. 500 Köcherfundamenten. In jeden Köcher wurde ein Fundament-Ringerder mit einer Anschlussfahne zur ersten Deckenebene eingelegt. Da das Gebäude kreisförmig ist, wurde es in mehrere Kreissegmente aufgeteilt. An den Stoßstellen verschweißte man die Armierungsenden und die in die Decken eingelegten Verbindungsleitungen, die wieder mit den Anschluss-Fahnen der Köcherfundamente verbunden waren, mit den entlang der Segmente zur Mitte des Gebäudes verlaufenden Winkel-Metallschienen. In der Mitte, der ersten Deckenebene wurden dann alle Segmentschienen zusammengefasst und zu einer riesigen zentralen Potential-Ausgleichschiene geführt. Die Winkel-Schienen der einzelnen Deckensegmente wurden dann mit tausenden von flexiblen Verbindungskabeln über die Dehnfugen zum Nachbar-Segment überbrückt. Damals schon beanstandete ich diese eine Potentialausgleichsschiene, konnte mich aber nicht gegen die Allmacht des VDE-Neuhaus durchsetzen. Heute weiß man es besser und hat den Potentialausgleich zum wichtigsten Element im Kampf gegen Überspannungsschäden gekürt. Wie konnte das passieren? Erst baut man eine wahnsinnig überdimensionierte Erdungsanlage in das Fundament ein, um sie dann nur an einem einzigen Punkt im Gebäude, für den Potentialausgleich zu nutzen? Das bringen nur Elektroingenieure fertig, weil sie in Niederspannungen- und Elektroanlagen denken. Blitzschutzleute wussten es schon lange, dass Potentialausgleich, an so vielen Stellen wie möglich, diese Schäden mindern. Vom Einschlagspunkt entfernt helfen sie sehr wenig, ganz einfach, weil der Weg des Blitzstromes zu lang wird, kommt es dann an vielen Näherungs-Stellen zu unkontrollierten Überschlägen der Hochstrom-Stoßspannungen auf benachbarte, meist auch geerdete Bauelemente im Gebäude und dadurch zu immensen Schäden. Dass das Ganze am Sendezentrum des ZDF funktioniert, ist nur der umfassenden Abschirmung durch den eingebauten Armierungsstahl in Stützen, Wänden und Decken geschuldet, also keine Planung, sondern Zufall.

Der Erdausbreitungs-Widerstand jedes einzelnen Köcherfundamentes, musste gemessen und protokolliert werden. Die Mess-Sonden bestanden aus 2 Stück 6 m langen Tiefenerdern, die hatten wir in 300 m Entfernung vom Gebäude im Abstand von 50 m eingeschlagen und eine Mess-Leitung bis zum Baukörper eingegraben. Eine absolut hochwertige Erdungsanlage, trotzdem machten sich die Techniker Sorgen um ihre Magnetbänder, denn die sollten ja Jahrzehnte halten, deshalb legte man sie gemäß meiner Empfehlung in ebenfalls geerdete Metallschränke.

Am Fernmeldeturm Rohrhardsberg im Schwarzwald bauten wir um 1965 herum eine Blitzschutzanlage ein. Was wir nicht wussten, es gab dort oben kein Erdreich. Unter den Büschen und Blaubeeren war nur 30 cm pulverartiger Humus vorhanden, dann kam blanker Fels. Hier konnte man keine Erdungen in den Boden einbringen. In unserer Verzweiflung wandten wir uns an die Fernmelde-Techniker der Post. "Na, woll'n wa ma seh' n", meinte der Chef von denen. Am nächsten Tag kamen Sie mit hunderten von Metern alten, kaputten, bleiummantelten Fernmeldekabeln auf Rollen an. Das Gestrüpp und das Blaubeer-Kraut, hatte die anwesende Baufirma mit ihrer Planierraupe schon entfernt. Dann wurden die Kabel abgespult und rund um den Turm in drei Ringen verlegt. Dazu benötigte man damals 30 Personen. Von unseren Ableitungen verlegten wir die Erdleitungen sternförmig über den Fernmeldekabeln nach außen. Dann kamen die "Löter", denn damals wurden ja die Muffen-Kupplungen und die Kabelenden noch zugelötet. Die verlöteten nun die Kabel mit unseren Erdleitungen. An den fertigen Erdleitungen, fing die Baufirma an Mutterboden, den sie aus dem Tal holte, aufzufüllen. Eine perfekte Lösung des Problems. Kann man die Erdung nicht in den Boden bringen, schüttet man den Boden obendrauf.

Die Erdung einer Berghütte

Was macht man nun, wenn man im Hochgebirge überhaupt nur Fels hat, der zudem noch steil abfällt? In diesem Fall sollten die Erdleitungen nur auf dem Felsen aufgenagelt werden. Man kann auch Leitungen in Rillen und Felsspalten befestigen, auf jeden Fall müssen diese Erdleitungen rund um eine Hütte mit einer Ringleitung verbunden werden. Im Laufbereich von Menschen müssen die Erdungen natürlich mit Gesteinsbrocken und/oder Erde abgedeckt werden, sodass niemand stolpern kann. Auf jeden Fall benötigt man auch hier einen Blitzschutz-Potentialausgleich und man sollte auch an die Erdung von eventuell vorhandenen Gasflaschen oder einem Gasschrank denken.

Parallel verlegte Erdleitungen sind gefährlich, wenn man sie nicht untereinander verbindet. Wird eine Leitung vom Blitzstrom durchflossen, induziert sie einen hohen Strom in die benachbarte Erdleitung. Als Folge werden Tiere und Menschen gefährdet, die sich im Moment des Einschlages im Zwischenbereich befinden, den Effekt nennt man Schrittspannung. Je nachdem wie man mit den Füßen zum Einschlagspunkt steht fließt ein "Körperstrom", weil man mit dem Körper Zonen unterschiedlich hoher Spannungen überbrückt. Steht man parallel, also mit beiden Füßen im gleichen Abstand zum Einschlagspunkt passiert nichts, steht man senkrecht dazu wird es gefährlich. Sind nun die Erdleitungen verbunden, fließt der Ausgleichstrom über die Verbindungsleitung und beide Erdleiter sind spannungsgleich, es fließt also kein Ausgleichsstrom.

Deshalb kann ich nur jedem Blitzschutz-Errichter dringend raten, in Bereichen wo sich Menschen aufhalten, besonders an Bushaltestellen, Schutzhütten, Golfplätzen usw., immer Potential-Steuerungs-Maschennetze im Boden einzubauen, die auf die Schrittlänge eines Menschen abgestimmt sein müssen, also mindestens 50 cm Maschenweite haben.

Natürlich kann man auch Edelstahlbaumatten in den Boden einlegen. Keinesfalls dürfen Tiefenerder verwendet werden, ist das nicht zu umgehen, müssen auch sie mit Edelstahl-Baumatten gegen Schrittspannungen gesichert werden. Noch besser ist es, wenn man die Tiefenerder in entfernte Teile der gesamten Anlage einbringt, also dort, wo sich während eines Gewitters keine Menschen aufhalten. Dazu zählen sogenannte Bunker, kleine Wasserflächen, Gesträuch- und Gebüsch oder mit Blumenbeeten bepflanzte Areale im Gelände.

Blitzschutzarbeiten an der Kirche in Böblingen

Der Eisenbieger von einer Baufirma beim Einbau von einbetonierten Blitzschutzableitungen. Man sieht hier, dass der Mann das noch nie gemacht hat, sonst würde er den Draht von unten in den Armierungskorb einführen. Stattdessen turnt er lebensgefährlich auf einer zu kurzen Bock-Stehleiter herum.

Die Bilder unten, zeigen sehr aufwendige Kupfer-Erdungen als Kabelschutz. Der hohe eingekoppelte Stromanteil soll durch diese Schutz-Maßnahme in der Erdungsleitung fließen und nicht in den Kabeln.

Gelber Punkt - Hauff-Erdungspunkt für einen Potentialausgleichsanschluss.

Einbau von Fundament-Erdern die mit den Armierungen verklemmt werden.

Der Innere Blitzschutz = Blitzschutz-Potentialausgleich

Eine Blitzschutzanlage ist erst dann vollständig, wenn auch die notwendigen Maßnahmen für den "Inneren Blitzschutz" eingebaut wurden.

Die Anwendungsphilosophie erfolgt nach dem Prinzip: "Vogel auf der Starkstromleitung" ob 20 kV oder mehr, es passiert nichts, warum? - weil er nur einen Pol der Leitungen berührt. Der Blitzschutz-Potentialausgleich zwischen Blitzschutzanlage und Elektroanlage, wird durch die Erdungsmaßnahmen, Fundamenterder und Potential-Ausgleichschiene, hergestellt. Also einfach ausgedrückt, alles einpolig, auf ein Potential gebracht, so kann kein Strom fließen, weil es keine Potential-Unterschiede mehr gibt. Im Moment eines Blitzeinschlages steigt die Spannung impulsartig an und fällt dann wieder ab.

Das Energietechnische Netz - also die aktiven spannungführenden Leiter können aber nicht direkt in diesen Potentialausgleich einbezogen werden, sonst hätten wir einen Kurzschluss. Bei einem direkten oder indirekten Blitzeinschlag wird das Potential durch Induktionen auf allen metallischen Systemen im Gebäude auf 15 - 25 kA oder mehr angehoben.

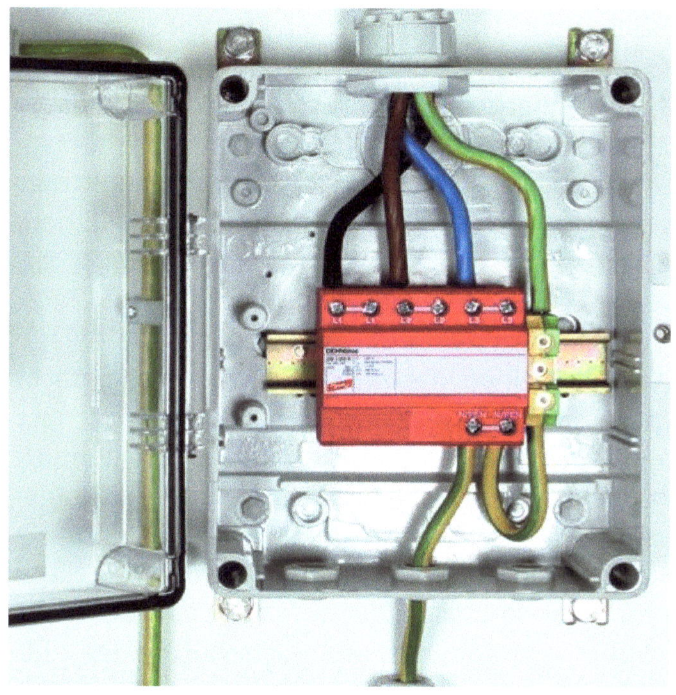

Die Blitzstrom-Ableiter Typ 1 stellen den Blitzschutz-Potentialausgleich in elektrischen Anlagen sicher und ermöglichen dabei einen kompakten Aufbau einer Niederspannungshauptverteilung.

Dadurch kommt es zu unkontrollierten Überschlägen auf elektrische Systeme, mit zerstörerischer Wirkung. Überspannungs-Schutzgeräte haben nun die Aufgabe, das elektrische- und elektronische Netz, im Moment des Blitzeinschlages kurz zu schließen, also in den Potentialausgleich einzubeziehen, um für Millisekunden den konsequenten "Blitzschutz-Potential-Ausgleich" herzustellen. Es würde den Rahmen dieses Büchleins sprengen, würde ich versuchen die Vielfalt der Schutz- und Anwendungs-Möglichkeiten hier zu erläutern. Es sei nur erwähnt, dass der sogenannte Innere Blitzschutz, bei vielen Gebäuden oft höhere Kosten verursacht, als der Äußere Blitzschutz. Deshalb wird er von den Gebäudebesitzern nicht eingebaut. Es steht zwar in der VDE 0185 Norm drin, dass er zwingend eingebaut werden muss, aber das wird einfach ignoriert. Genauso konsequent müsste nun der Blitzschutz-Erichter, die Installation einer Blitzschutzanlage verweigern, wenn der Innere Blitzschutz nicht beauftragt wird. Aber der sagt sich, von irgendetwas muss ich ja leben, bringt den Äußeren Blitzschutz an und wenn er schlau ist, schreibt er in seinen Prüfbericht diesen Mangel hinein. Jetzt kann es natürlich passieren, dass der Auftraggeber die Anlage nicht bezahlt, weil sie ja einen Mangel hat. Er behauptet einfach, wenn er das gewusst hätte, wäre auch der Äußere Blitzschutz nicht beauftragt worden. Vor dieser Misere, schützt eigentlich nur eine konsequente schriftliche Aufklärung des Auftraggebers, mittels eines Planungsberichtes, den ich bei Einführung der neuen Normen entwickelt habe. In Anhang finden sie diese Kurzanleitung für Blitzschutzlaien, der aber auch eine Beschreibung der geplanten und angebotenen Blitzschutzanlage enthält. Vernachlässigt man als Anbieter diese Aufklärung läuft man Gefahr, dass man später bei Blitzschäden in Haftung genommen wird.

Meine Erfahrungen mit dem Überspannungsschutz sind gut, aber leider muss ich auch feststellen, dass er kein Allheilmittel ist. In meinem über 60 Jahre langen Blitzschutzleben habe ich es schon zu oft erlebt, dass es trotz sorgfältigster Ausführung des Äußeren- und Inneren Blitzschutzes, immer wieder zu Schäden am und im Gebäude gekommen ist. Diese hielten sich dann aber meistens in Grenzen. Die Gerätehersteller fordern einen gestaffelten Überspannungsschutz, aber auch der leistet nicht was er sollte, weil er oft leitungsbedingt zu träge reagiert. Spannungsabhängige Widerstände und Varistor Schaltungen haben ein schlechtes Ansprechverhalten.

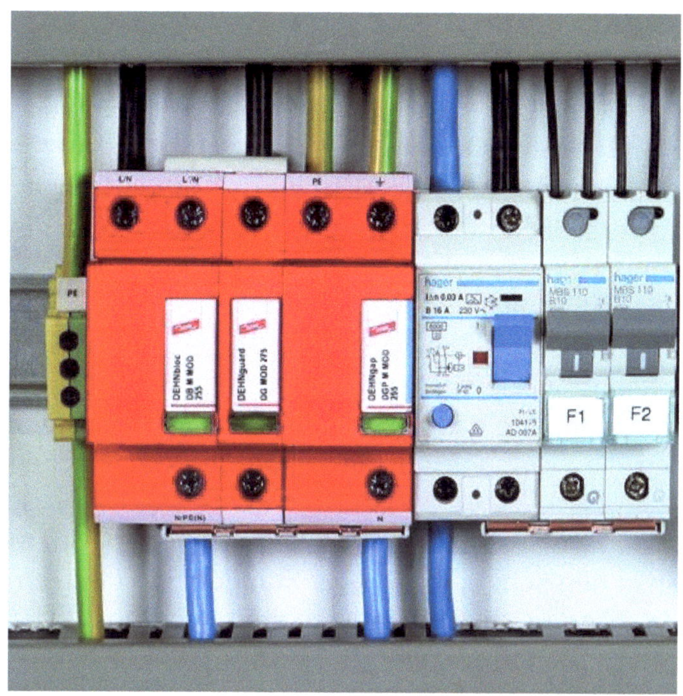

N-PE-Blitzstrom-Ableiter Typ 1 auf Funkenstreckenbasis DEHNgap für den Einsatz im TT- oder TN-System in der

„3+1" oder der „1+1"-Schaltung zwischen Neutralleiter N und Schutzleiter PE.

Bei sehr hohen eingekoppelten Spannungen, geben die sogenannte Feinschutzgeräte, die bis 1,5 kA leisten sollen, meistens beim zweiten oder dritten Strom-Impuls den Geist auf. Wie sollte es auch anders sein, sind sie doch selber auch nur elektronische Schaltungen, die ihrerseits andere Schaltungen, vor Schäden bewahren sollen. Es kommt hinzu, dass bei Blitzeinschlägen, mit rückwärtigen Einkoppelungen, die Feinschutzgeräte zuerst ausfallen, weil sie näher am "Geschehen" sind oder die Grob- und Mittelschutz-Schutzgeräte einen zu hohen Strom "durchlassen".

Das kann alles nur bei geringen Überspannungen funktionieren. Das haben auch die Ingenieure und auch die Hersteller erkannt und versuchen nun ein paar Dinge auf die Reihe zu bekommen.

1. Sie wollen über die Normen, die nicht zu realisierende Trennungsabstände vergrößern, durch diese Maßnahme werden geringere Störspannungen eingekoppelt, die ihre Überspannungsschutz-Geräte beherrschen können.
2. Durch den oft erforderlichen Einsatz von HVI-Leitungen entsteht ein erheblich höherer Materialeinsatz.
3. Durch Maßnahmen, wie das Aufständern von Blitzschutzleitungen, werden die Trennungsabstände von den Dachflächen vergrößert.
4. Durch Aufstellen von Auffangstangen, kommen viele kleinere Dachaufbauten in den Schutzbereich der Stangen und die Trennungsabstände können dadurch eingehalten werden, leider aber nicht alle, wie oben aufgezeigt.
5. Sie erhoffen sich durch all diesen Maßnahmen, dass Überspannungsschutzgeräte die erheblich reduzierten Störspannungen, besser ableiten können als bisher. Natürlich haben sie auch ihre höheren Verkaufszahlen und Gewinne im Blickwinkel behalten.

Die Überspannungs-Ableiter Typ 2 DEHNguard

S / M ...CI / SCI sind für AC-, DC-Bereiche sowie für Photovoltaik-An-wendungen in unterschiedlichsten Ausführungen und Spannungen verfügbar.
Bilder-Nachweis Firma Dehn und Söhne

Das über den Überspannungsschutz gesagte soll nicht heißen, dass nun alles schlecht ist. Ich war einer der ersten, die den Überspannungsschutz bei den Kunden populär machte und in so vielen Häusern wie möglich einbaute. Wir Blitzschutzfachleute können auf keinen Fall darauf verzichten, sollten aber auch so ehrlich sein und zugeben, dass auch diese unsere Arbeit menschliches Bemühen, gegen Naturgewalten ist und bleiben wird. Kaum ein Blitzschutzbaubetrieb ist in der Lage, die Systeme zu durchschauen und zu erfassen, in welchen Bereichen von komplexen Gebäuden, Grob- Mittel- und Feinschutzgeräte bis hin zur Beschaltung von Datenleitungen eingebaut werden müssen. Das ist eine Ingenieurs-Wissenschaft geworden und man hat den Eindruck, dass man so von Seiten der Großen- die kleinen Blitzschutz- Handwerks-Betriebe ausschalten will. Ganz abgesehen davon, dass wir als Blitzschutz-Errichter auf die Ausführung und die Dimensionierung von Schaltschränken und Elektroverteilungen keinen Einfluss haben, sollen dann aber hernach diese Technik beherrschen und vervollständigen. Andererseits wollen Elektrofach-Betriebe den Blitzschutzbau nicht leisten, jedenfalls nicht konsequent. Wie beide Branchen aus diesem Dilemma herauskommen sollen, ist eine völlig offene Frage. Dessen ungeachtet, erhalten trotzt der komplexen, wissenschaftlich überhöhten Normen, immer noch Außenseiter, wie Dachdeckereibetriebe und dergleichen die Genehmigungen zur Errichtung von Blitzschutzanlagen. Das ist ein unhaltbarer Zustand.

Hier noch ein paar Blitzschutzerlebnisse

Eine 85 Jahre alte Frau, der ich 15 Jahre zuvor eine Blitzschutz-Anlage gebaut hatte, rief mich ganz aufgeregt an, ich solle schnell mal kommen, man hätte die ganze Straße aufgebaggert und die Leitung, die wir damals mit der Wasserleitung verbunden hatten, wäre entfernt worden. Der Bauleiter hätte erklärt, dass man das heute nicht mehr brauchen würde. Aber die alte Dame, mit ihrer langen Lebenserfahrung glaubte ihm nicht und rief mich glücklicherweise an. Es war nicht zu fassen, eine 500 m lange Straße in Backnang war aufgerissen worden, man hatte die alten Stahlwasser-Leitungsrohre entfernt und war dabei neue Kunststoffrohre zu verlegen. Gleichzeitig wurden

neue Elektroversorgungs- und Kommunikations-Leitungen eingebaut.

Natürlich hatte niemand in den 5 - 6 beteiligten Firmen daran
gedacht, dass bei den aus den 50 bis 60ziger Jahren stammen-
den Häusern nun die Betriebserden = Stahlwasserleitungen, entfernt wurden und fehlten. Mindestens 100 Häuser standen
plötzlich ohne Betriebserden da. Die Potential-Ausgleichleitun-
gen zu Blitzschutzanlagen waren bei vielen Häusern ebenfalls
gekappt worden. Es dauerte ein Weilchen, bis ich mit dem Leiter
des Bauamtes verbunden wurde, aber der konnte mit der Information nicht so recht was anfangen. Ein weiterer Anruf bei den
Stadtwerken brachte dann endlich ein wenig Bewegung in die
Sache, als ich dann Sofortmaßnahmen forderte, wollte man
mich vertrösten. Also setzte ich mich an den Computer und
schrieb erst ein Fax, dann eine E-Mail und hernach einen schar-
fen Brief an die vorgenannten Stellen und an das E-Werk. Dessen
Chef rief mich einen Tag später an und bedankte sich bei mir. Ich
sagte, bedanken sie sich lieber bei der alten Dame, die hat
Schlimmeres verhindert.

An der Kath. Stadt-Kirche in Backnang, hatten wir bei ihrer Ge-
neralsanierung, eine sehr gute Blitzschutzanlage installiert. Zufällig fuhr ich vorbei und stellte fest, dass in dem Gelände Bauarbeiten im Gange waren. Eine Baufirma hatte rings um die Kirche,
eine Sanierung der Grundmauern begonnen und die Erdungsanlage komplett entfernt. Teilweise waren schon verzinkte Band-
stähle wieder eingelegt worden, aber nirgends mit den Ableitungen verbunden worden. Auf meine Frage an den Polier, wie er
dazu käme mitten im Gewittermonat August die Blitzschutzanlage "außer Gefecht" zu setzen, sagte er zu mir, das hätte der
Architekt so angeordnet und der "Blitz würde ja doch nicht gerade jetzt einschlagen". Zur Frage bezüglich des Bandstahls

sagte er, ein Großhandel in Backnang hätte ihm dieses Material als Blitzableiter-Erdungs-Material verkauft. Als Sofortmaßnahme klemmte ich dann die Turmableitungen mit den schon im Erdreich liegenden Bandstählen zusammen. Danach holte ich den Pfarrer, der dann spontan an uns den Auftrag erteilte, diese Pfuscharbeiten in Ordnung zu bringen.

In die alte noch vorhandene 4,00 m hohe Hochantenne, auf dem Betriebsgebäude der Firma MS Blitzschutz GmbH, schlug 2010 der Blitz ein. Das Gebäude steht an exponierter Stelle am höchsten Punkt des Geländes. Die Antenne bildete sozusagen eine ideale Fangladung für den Blitz aus. Die Blitzschutzanlage ist nach alter Blitzschutznorm VDE 0185 Teil 1 mit einer etwas Überdimensionierten Erdungs- und erhöhter, doppelter Ableitungszahl ausgerüstet. Ein 16 mm² gelbgrüner Schutzleiter als Antennenerdung war nicht eingebaut worden, weil die Antenne ja mit der Blitzschutzanlage geerdet wurde. In allen Elektro- Haupt- und Unterverteilungen sind Überspannungsgeräte eingebaut worden, fast alle Stromkreise wurden an den Steckdosen mit Feinschutz ausgerüstet. Auch an allen Antennen-Steckdosen sind Feinschutzgeräte eingesteckt worden. Bei dem Einschlag, wurde an der Hochantenne die Glasfiberantenne für den Lang- Mittel- Kurz- Wellenempfang abgesprengt. Der Schaden:
Fast alle elektronischen Geräte außer die Computer gingen kaputt.
Die Schadenshöhe: ca. 12.000,00 €
Auf Grund einer bestehenden Elektronikversicherung wurde der Schaden von der Allianz reguliert.
Schadensursache: Der Antennenmast war mit der Firstleitung verbunden und durch das Ziegeldach-Dach geführt, der Mast-Fuß stand in unmittelbarer Nähe der Verstärkeranlage. Die Stromversorgung der Verstärkeranlage war mit Feinschutzausgerüstet.

Maßnahmen: Die Hochantenne wurde entfernt, die Verstärkeranlage hat nun keine Näherung mehr zur Firstleitung. Die Sattelitenschüssel und die UKW-Antenne wurden mit großem Abstand zu Blitzschutzeinrichtungen unter dem Dachrand angebracht.

Ergebnis:

Wir haben bisher keine weiteren Blitzeinschläge bemerkt, es sind auch keinerlei Schäden mehr aufgetreten. Das Beispiel zeigt sehr deutlich, dass es in exponierten Lagen in die hohen Masten eher einschlägt als in gleichmäßig hohe Dachflächen, die sich in die Umgebung „wegducken“. Was lernen wir daraus: Hoch-Antennen - sowieso Auslaufmodelle - und Antennenschüsseln gehören nicht auf Dächer. Antennenschüsseln und UKW Antennen kann man auch an Wänden unterhalb der Dachflächen anbringen.

Wie ja alle Blitzschutzfachleute wissen, sind Elektro-Fachbetriebe und Fernsehwerkstätten bisher in keiner Weise für den Blitzschutz sensibilisiert. Da erlebt man die tollsten Sachen. Es ist unglaublich aber wahr, ich traute meinen Augen nicht, als ich eine Anlage wegen einer Reparatur besichtigte. Auf einem 33 m hohen Hochhaus in Stuttgart-Fasanenhof, hatte ein Funkamateur, von seiner auf dem Flachdach aufgestellten Antenne, die auf dem Dach nicht mit der Blitzschutzanlage verbunden war, sein Antennenkabel an einer Blitzschutz-Ableitung mit Kabelbindern befestigt und im ersten Stockwerk, also ganz unten zum Fenster in seine Funk-Bude hineingeführt. Wie man ja weiß schlägt der Blitz in sehr hohe Gebäude oft mehrere Male im Jahr ein. Dass der Mann das überlebt hat, grenzt an ein Wunder. Vermutlich floss durch den dichten Kontakt mit der Ableitung über fast 30 m, nur ein kleiner Induktionsstrom zu seiner Funkanlage.

Oft sieht man auch Antennenstümpfe von ehemaligen Hochantennen auf den Dächern, die von Laien nur über der Dachfläche gekappt wurden, die aber noch ihre Verbindung ins Dach hinein haben. Manchmal sind sie auch noch mit der Blitzschutzanlage oder dem gelbgrünen Schutzleiter verbunden. Wenn man Antennen entfernt, sollte man sie konsequent und vollständig abbauen, einschließlich des gelben Schutzleiters, der oft noch hoch oben am Balkenwerk befestigt ist, dort verbleibt und eine Näherung darstellt.

Das Städtische Bauamt hatte uns hinbestellt. Als ich beim Schwimmbad ankam, sah ich schon vom Weitem vier große, hohe Kranwagen stehen. Sie hielten an ihren Haken, die Metallkonstruktion des Daches hoch. Die war aber doch mit den Stahltrossen der Verankerungen verbunden und das Dach musste doch eigentlich von den Trossen gehalten werden. Die Erklärung für diese Maßnahme war eigentlich unerklärlich. Eine Blitzschutz-baufirma hatte die Erdungen an den Stahltrossen angeschweißt. Der TÜV hatte dann gefordert, dass das Dach solange von Kranwagen gehalten wird, bis die geschwächten Stahltrossen ausgetauscht waren. Es war dann für uns nur eine Kleinigkeit, die Erdungen an den Stahl-Ankerblöcken anzuschließen. Wer den Riesenaufwand bezahlen musste, ist ja wohl klar. Man kann nur hoffen, dass die schuldige Blitzschutzfirma gut versichert war und dieses Desaster überlebte.

Und noch ein schönes, kleines Lehrstück, das beispielhaft aufzeigt, wie sich Planer, Bauherren, Fremdfirmen und Blitzschutz-Prüfer gegenüber Blitzschutzfirmen aus der Affäre ziehen, wenn sie uns wie so oft, die Schuld für ihre eigenen Fehler zuschieben wollen. Hier die Erwiderung zum Schreiben des TÜV

vom … über die Blitzschutzeinrichtungen am Wohngebäude in
…..

Sehr geehrte Herren,

um die Angelegenheit etwas zu abzukürzen, teilen wir Ihnen mit,
dass die kleineren Beanstandungen im Bereich der Vodafone-An-
tennenanlage durch unsere Firma bereits vor einiger Zeit behoben
worden sind.

*Für die Beanstandung, TÜV-Prüfbericht Punkt 1. betreffs Näherun-
gen, ist der Antennenbauer verantwortlich, schließlich hat er diese
Näherungen geschaffen, indem er die Halterungen für seine Kabel,
zu dicht an der Attika anbrachte. Die entstandene Näherung hat
nun der Prüfer, im Auftrage vom Antennen-Errichter bei uns beanstandet. Dafür ist er selber verantwortlich, denn er wusste ja
schon bei der Errichtung seiner Antenne, das eine Blitzschutzanlage eingebaut werden sollte.*

*Unsere Stellungnahme zu Vodafon haben Sie ebenfalls vorliegen.
Die Behauptung des TÜV, dass Vodafon-Techniker keine Blitz-
schutz-Fachleute sind, ist geradezu abenteuerlich, wenn das so
sein sollte, müsste man ihnen den Aufbau von Antennenanlagen
verbieten. Jeder Errichter von elektrischen- und telekommunikati-
ons-Einrichtungen, muss seine Anlagen gemäß VDE 0100 und zu
dieser Normengruppe zählt auch der Blitzschutz VDE 0185 errichten, und die Anwendung dieser Normen beherrschen. Ja, er muss
seine Anlagen auch mit Blitzschutz ausrüsten, wenn keine Blitzschutzanlage auf dem Gebäude vorhanden oder geplant ist.*

*Der Einbau solcher Antennen ist zwar für die Vermieter der Dach-
flächen ein lukratives Geschäft, aber andererseits auch eine Her-
ausforderung für den Blitzschutz, weil es die Einschlags-Gefahren*

um das Hundertfache erhöht. Darüber wird natürlich seitens der Betreiber von Telekommunikationsanlagen Stillschweigen bewahrt. Indessen müssen sie ihre Kabelführungen Blitzschutzkonform verlegen, wenn sie das nicht können, sollten sie vor dem Einbau die Leitungsführung mit der Blitzschutzfirma abstimmen, das ist nicht geschehen. Unser Vorschlag hierzu ist, die Kabelführung, oder die Blitzschutzleitungen aus dem Näherungsbereich weg zu verlegen, im dem man sie aufständert und / oder die Metall Attiken gegen Kunststoff-Materialien austauscht.

Wir hatten auf unser Schreiben keine Antwort mehr erhalten. Der TÜV hatte noch beanstandet, dass Steigleitern, welche die unterschiedlich hohen Dächer verbinden, direkt mit der Blitzschutzanlage verbunden worden sind. Der Prüfer verlangte, dass die Leitern mit Auffangstangen gesichert werden sollten. Dazu muss man wissen, dass die Steigleitern angebracht wurden, weil die Fluchtwege von den oberen Stockwerken über die Dächer verlaufen. Doch nun weiter, dieser Punkt 2. kann nur mit großem Aufwand behoben werden, weil die Steigleitern natürlich Näherungen zu vielen anderen Bauteilen auf den Dächern aufweisen, z. B. auch zu den umlaufenden Blechattiken. Natürlich können diese Leitern nicht näherungsfrei angebracht werden, hier besteht die einzige Möglichkeit darin, die vorhandenen Blechattiken gegen Kunststoffattiken auszutauschen und dann die Leitern mit Auffangstangen zu schützen. Wer aber, schützt die Blitzschutz- Leien, wenn sie während eines Gewitters, nun statt der Leiter, irgendein anderes metallischen System auf den Dächern anfassen, oder z B. auf den Blitzableiter-Draht drauftreten, vor tödlichen Blitzströmen. Doch Grau ist alle Theorie und unserer fachlichen Meinung nach, dürfen einschlagsgefährdete Dachflächen während eines Gewitters, nicht betreten werden. Wer das trotzdem riskiert, dem ist nicht zu helfen. Unser Vorschlag hierzu wäre, dass der

Gebäudebetreiber überall auf den Dächern, große Schilder mit folgender Aufschrift aufstellt:

Achtung:
Während eines Gewitters dürfen die Dachflächen wegen der Lebensgefahr nicht betreten werden.

Leider geht die Argumentation an der Problematik vorbei, denn der Prüfer geht auf unsere grundsätzlichen Bedenken überhaupt nicht ein. Um es nochmal zu verdeutlichen, Menschen haben auf den Dächern während eines Gewitters nichts, aber auch gar nichts zu suchen. Durch den Bau von Fluchtwegen über die Dächer, setzt man sie diesen Gefahren leichtfertig aus. Wenn aus Gründen, die wir nicht kennen, trotzdem solche Fluchtwege genehmigt werden, setzt man jene, die flüchten müssen vielfältigen Gefahren aus. Will man diese Gefahren ausschließen, muss man, wie in den USA Fluchttreppen an den Außenseiten der Gebäude anbringen. Im vorliegenden Fall, kann eine Gefährdung von Flüchtenden nur durch den Bau von Gitter- oder Stahlüberdachungen, die einen Faradischen Käfig bilden realisiert werden.

Antwort auf ein weiteres Schreiben der Bauleitung:

Wir dürfen aber feststellen, dass der TÜV auf unser Schreiben nicht mehr geantwortet hat. Andererseits haben wir den Eindruck, dass die Probleme die aufgetreten sind, auf unserem Rücken ausgetragen werden sollten. Entweder gibt es von Seiten des TÜV, zu unserer Argumentation keine Gegenargumente mehr oder er akzeptiert unsere Ansichten. In diesem Fall ist die Angelegenheit, was den Blitzschutz bezüglich der Fluchtwege angeht für uns erledigt. Andererseits ist er als Gutachter in der Pflicht Änderungsvorschläge zu machen. Er hat beanstandet, ergo muss er auch sagen wie er sich das vorstellt. In dieser Sache müssen Sie sich überlegen, ob Sie die von uns vorgeschlagenen Änderungen - Einbau von metallüberdachten Fluchtwegen realisieren wollen, dass wäre unser Vorschlag. Der Vorschlag des TÜV ist jedenfalls unbrauchbar! Wir können Ihnen in diesem Punkt nicht weiterhelfen, denn das ist eine bauseitige, mit erhebliche Kosten belastete Entscheidung - nicht die des Blitzschutzbauers, für ungefährdete Fluchtwege zu sorgen. Andernfalls muss man eben in Kauf nehmen, dass Flüchtende - womöglich nachts im Gewitter über die Dächer geschickt werden. Dieses Problem kann man durch überdachte Metallgitterwege lösen, wenn es dann sein muss, denn der Fall ist eins zu einer Million und wird nie eintreten. Es müssten drei Dinge gleichzeitig passieren: Es müsste brennen, gleichzeitig ein Gewitter stattfinden und genau in dem Moment, da Leute übers Dach flüchten der Blitz einschlagen. Oder es brennt durch einen Blitzeinschlag, was ja durch die Blitzschutzanlage verhindert wird, Leute flüchten und dann müsste ein weiterer Blitz genau dann einschlagen, wenn jemand übers Dach flüchtet.

Weitere Punkte der Beanstandungen des Prüfers, sind alle der Firma Vodafone, oder deren Beauftragten geschuldet, denn wir dürfen doch sicher davon ausgehen, dass diese Firma blitzschutztechnisch geschultes Fach-Personal beschäftigt, das in der Lage ist, ihre Kabel und Leitungen, sowie Potentialausgleiche so zu konstruieren, dass sie sich fach- und VDE 0185 gerecht in die Blitzschutzanlage einfügen. Anzumerken wäre noch, dass zum Zeitpunkt der von Ihnen angeforderten Blitzschutzmontage, die Daten- und andere Kabelleitungen lose auf den Dächern verteilt herumlagen, und erst nach der Erstellung der Blitzschutzanlage von Vodafone oder anderen Firmen, ohne Einhaltung der Näherungen montiert wurden.

Die Argumentation des TÜV, geht doch an der Sache völlig vorbei, eine Firma, wie Vodafones, hätte keine Blitzschutzfachleute, ja wie

*denn, diese Firma baut auf tausenden von Gebäuden Telekommu-
nikations-Antennen, da kann man wohl davon ausgehen, dass sie
Fachpersonal beschäftigt.*

*Noch ein Wort zu den allgemeinen Ausführungen des Gutachtens.
Wir gewinnen hier den Eindruck, dass der TÜV, wohl auch wissen
und anerkennen sollte, dass Blitzschutzanlagen immer nur ein
menschliches Bemühen sind, sich so gut wie eben möglich, gegen
Naturgewalten zu schützen. Vor diesem Hintergrund und mit diesem Wissen, sollten Prüfer bei der Bewertung einer Blitzschutz-
Anlage vorgehen. Die VDE schreibt vieles vor, aber bei näherer Betrachtung kann nicht alles eingehalten werden, was sie fordert.
Vieles bleibt Ermessenssache, anderes wird immer ein Kompromiss, zwischen Machbarkeit und Wirtschaftlichkeit bleiben.*

*MS Blitzschutz GmbH
Martin Wiesenmaier
Staatlich geprüfter Blitzableitersetzer
Peter Weinmann Elektromeister*

Die Blitzschutzbranche -
ein Ausblick in die Zukunft

Das Ende der ABB war besiegelt, als die >Allgemeinen Blitzschutzbestimmungen <, in die VDE übernommen wurden. Vorher hatte es endlose Debatten über das Für und Wider gegeben.
Zunächst sah alles sehr schön aus, man trat einem großen Verband bei und der Blitzschutz als Nebengewerk erhielt eine kolossale Aufwertung, denn bisher wurden wir Blitzschützer nicht
ganz für voll genommen. E-Werke und Elektriker verstiegen sich
in der Auffassung, dass Blitzschutz sowieso Quatsch ist und
nichts bringt. „Der Blitz schlägt doch trotzdem ein", war die

gängige Formel. Natürlich hatten sie nur teilweise recht, denn Blitzschutz-Wissenschaften gab es bisher nicht. Die Blitzschutztechnik war eine Erfahrungswissenschaft. Man lernte aus Schäden, die bei Blitzeinschlägen an Gebäuden entstanden waren, und verbesserte ständig die Normen, große Hersteller wie die Firma Dehn, beschäftigten Ingenieure die das Phänomen Blitzschutz wissenschaftlich untersuchten und umfangreiche Versuchsreihen machten. Das Problem war, dass der Blitzschutz ursprünglich für Gebäude ohne jegliche technischen Einrichtungen entwickelt wurde. Man ging davon aus, dass der Blitzstrom, war er einmal von den Dachauffang-Einrichtungen aufgefangen worden, nur noch in der Erde verteilt werden musste, so konnte dem geschützten Haus und seinen Bewohnern nichts mehr passieren. Nach dieser Formel und mit geringen Verbesserungen, wie den Potentialausgleich, arbeitete man noch in den 50ziger Jahren mit der fünften Auflage der ABB. Mit der zunehmenden technischen Ausstattung der Gebäude, kamen immer weitere Anforderungen auf den bisherigen Blitzschutz zu. Es war also unerlässlich, in diesen großen Dachverband der Elektrotechniker einzutreten, es leuchtete dann doch allen ein, dass man so nicht mehr weiter wursteln konnte. Die Zeit ist darüber hingegangen und inzwischen sind unsere alten ABB Blitzschutz-Bestimmungen zu VDE Normen und zu Europäischen Blitzschutznormen geworden, die maßgeblich von deutschen Blitzschutztechnikern, Elektroingenieuren und Wissenschaftlern gestaltet wurden. Die Sache hatte aber eine Schwachstelle, diese hatten die >Alten Blitzschutzleute< natürlich erkannt und wollten aus diesem Grunde nicht in den VDE wechseln, weil man sich mit dem Eintritt in den VDE, in die Abhängigkeit von Normenarbeitskreisen begab, sozusagen nicht mehr Herr im eigenen Hause war. Diese Entscheidung sollte sich wie befürchtet in der Folge bitter rächen.

Das große Blitzschutz-Problem

Der Normen-Katastrophe, ging ein fast zehnjähriges hartes Ringen, in allen möglichen Ausschüssen und Gremien in ganz Europa voraus. Von Wissenschaftlern und Professoren wurden die Eckpunkte und Formel-Festlegungen erarbeitet und ein paarmal angepasst. Das Ergebnis ist bis heute hart umstritten, weil zu viele Auffassungen und Meinungen aufeinanderprallen, und weil sich leider der >gesunde Menschenverstand < nicht durchsetzen konnte. Ich schrieb mir die Finger wund, keiner hörte zu, ich solle die neue Norm auch als Chance verstehen, meinte der damalige VDB-Vorsitzende. Ich erwiderte, man sollte besser an das gut eingespielte Blitzschutzbaugeschäft und die Branche denken, dass uns unseren Lebensunterhalt sichert, aber auch sicherstellt, dass der Wunsch nach einer guten und bezahlbaren Blitzschutzanlage für unsere Kunden realisierbar bleibt. Man bemerkte bei einer Ausschusssitzung an, zu der ich eingeladen war, dass wir jetzt in Europa nicht mehr allein seien, also die Normen nicht machen könnten, wie zu ABB- Zeiten. Damals schon prophezeite ich den Herren, dass mit diesen Normen der schleichende Niedergang der Blitzschutzbranche einhergehen werde, leider habe ich Recht behalten. Inzwischen werden freiwillig auf Wohn- und Industriegebäuden, so gut wie keine Blitzschutzanlagen mehr installiert, weil:

1. Die Kosten für die Anlagen durch umfangreiche Erdaufbrucharbeiten, den erhöhten Aufwand für den Trennungsabstand, den Potentialausgleich und Überspannungsschutz zu teuer geworden sind.

2. Die Anlagen mit ihren hohen Auffangstangen an den Dachaufbauten die Gebäude verschandeln. Das tut sich kein privater Bauherr mehr an, und jedem Architekten sträuben sich die Haare, wenn er was vom Blitzschutz hört. Zu aufwendig, zu teuer, hört man nur noch überall.

3. Durch Unwissenheit der meisten Architekten, Bauingenieure und Bauunternehmungen, wird der Blitzschutz schon bei der Planung vernachlässigt.

4. Auch die meisten Industriegebäude erhalten keinen Blitzschutz, weil er zu teuer ist. Bei den Industrieanlagen und den öffentlichen Gebäuden, wo Blitzschutz teilweise vorgeschrieben ist, kompensiert sich einigermaßen der Wegfall vieler Blitzschutzanlagen im privaten oder freiwilligen Bereich, durch den gewaltigen Aufwand, der betrieben wird, um eine normgerechte Anlage zu bauen.
Das bedeutet aber noch lange nicht, dass die Branche wirklich Geld verdient, denn ihre Gewinne erzielten die Blitzschutzbauer aus dem Blitzschutz auf privaten Gebäuden, kaum durch öffentliche Ausschreibungen. Die jahrzehntelange Aufklärungs-Arbeit, Bauherren und Architekten den Blitzschutz „schmackhaft" zu machen, indem wir ihn den Gebäudeformen so gut wie möglich anpassten. Die Überzeugungsarbeit, die geleisstet wurde, damit überhaupt Blitzschutz auf die Dächer hinaufkam, ist mit den Normenänderungen rigoros vernichtet worden.

Merke: Gewinn zu erzielen ist Überlebenswichtig, sonst stirbt die Branche aus, dann benötigen wir auch die kompliziert- überhöhten Normen nicht mehr.

5. Blitzschutzanlagen werden inzwischen gemäß EU-Richtlinien öffentlich ausgeschrieben. Die Teilnahme an solchen

Ausschreibungen, bedeutet einen Riesenaufwand, aber leider keinen Gewinn. Das liegt zu großen Teilen daran, dass Blitzschutzanlagen, fast nur noch über Generalunternehmer mitlaufen. Man stelle sich diesen Wahnsinn einmal vor. Da nehmen an solchen Ausschreibungen, mehr als zehn Großbaufirmen- und Generalunternehmer teil. Der Blitzschutz wird aus Kostengründen, auch noch in die Elektro-Ausschreibung integriert. Jeder Generalunternehmer, fordert jeweils mehr als 10 Angebote bei 10 Elektrofach-Firmen an, und diese wiederum mehr als 10 Angebote bei Blitzschutzfirmen? Der Irrsinn nimmt seinen Lauf, weil 10 x 10 x 10 bekanntlich 1000 Angebote ergibt, die zu einem einzigen Projekt bei Blitzschutzfirmen angefordert werden und diese Projekte beinhalten oft nur Auftragsvolumina im Bereich von 3 - 5000 €. Unter diesen Arbeitsbedingungen würde ich heutzutage keine Blitzschutzfirma mehr betreiben, denn richtig gutes Geld verdienen nur noch die Materialhersteller, die durch den Stangenwald auf den Dächern und den erhöhten Aufwand, der betrieben werden muss, um die Trennungsabstände einzuhalten und die erhöhten Kosten für die einzubauenden Überspannungs-Schutzgeräte, einen gewaltigen Aufschwung genommen haben und tolle Gewinne einfahren.

In die VDE Normen 0185-305 sind nun die Erfahrungen, und der gesamte Sachverstand der Ingenieure und Wissenschaftler, doch weniger die der Blitzschutz-Techniker eingeflossen, - mit dem Ergebnis, dass niemand mehr in der Lage ist, Blitzschutz-Anlagen zu errichten, die den geltenden Normen entsprechen, weil die Gebäudetechnik so komplex geworden ist, dass man sie auch mit der tollsten Blitzschutztechnik nicht zu 100 % schützen kann. Das VDE Normenwerk für Elektro- und Blitzschutzanlagen, ist auf Kilometerlänge angewachsen, ähnlich dem der Steuer- und Finanzbehörden. Es gibt niemand mehr, der den vollen Durchblick hat, noch schlimmer, es galt für Blitzschutzbauer schon immer die Regel, dass sie mit einem Bein im Gefängnis stehen, für die heutigen Blitzschutz-Errichter gilt, dass sie sich schon im Gefängnis befinden, bevor sie mit der Arbeit anfangen. So weit haben wir es nun gebracht, alle müssen mogeln und tricksen, auch wenn sie eine ehrliche Arbeit abliefern möchten, macht ihnen das Normenwerk diese Arbeit unmöglich. Hinzu kommt der immer schärfer werdende Konkurrenzdruck unter den Blitzschutzfirmen, weil der private Sektor wegfällt. Es gibt in ganz Europa kaum eine integrierte Blitzschutz-Anlage, die den geltenden Normen entspricht, diesen Ansprüchen genügen nur isolierte Blitzschutzanlagen, und eventuell noch Anlagen die mit HVI Blitzschutz-Leitungen errichtet wurden, aber auch da habe ich berechtigte Zweifel, ob sie wegen ihrer Anfälligkeit gegenüber UV-Strahlung über längere Zeiträume funktionsfähig bleiben, denn sie befinden sich weitgehend in luftigen Höhen und sind extremen Wetterbedingungen ausgesetzt.

Anmerkungen des Verfassers:

Integrierte Blitzschutzanlagen, sind Anlagen die auf und in der Bausubstanz (Dächern und Wänden) der zu schützenden Gebäude, befestigt, eingebaut, und durch Maßnahmen des Inneren Blitzschutzes erweitert werden.

Isolierte Blitzschutzanlagen: Sind außerhalb von Gebäuden aufgestellte Auffangeinrichtungen, z. B. Masten und Maschennetze, die das gesamte Gebäude überspannen und gegen Blitzeinschläge absichern, der Blitz kann das so geschützte Gebäude nicht direkt treffen. Die Maßnahmen für die Erdungsanlagen und den Inneren Blitzschutz, sind in beiden Varianten gleich, oder ähnlich aufgebaut.

Früher bemühte man sich Blitzschutzanlagen zu bauen, die ein Gebäude vor Brand und Zerstörung, sowie die Menschen die darin lebten, schützen sollten. Mit der zunehmenden technischen Ausstattung der Gebäude, versuchte man durch Potentialausgleichsmaßnahmen, isolierten Blitzschutzleitungen, sowie Auffangstangen und Überspannungsschutz-Geräten, die ständig steigenden Schäden durch Blitzeinschläge an den Elektro- und Elektronik-Einrichtungen, und die damit verbundenen Kosten, auch für die Versicherungs-Wirtschaft in den Griff zu bekommen, ein vergebliches Bemühen. Selbst bei Isolierten Blitzschutz-Anlagen, kommt es durch Blitzeinschläge in den Erdboden, auch wenn sie in Entfernungen von einigen 100 Metern einschlagen, zu gewaltigen Schäden an den Elektro- Elektronischen Einrichtungen. Der Grund dafür ist einfach, es muss nicht unbedingt in das Gebäude direkt einschlagen. Wenn ein Blitz den Boden oder andere Gebäude trifft, fließen durch ohmsche Einkoppelungen in Stromversorgungsleitungen, oder andere Versorgungsleitungen, wie Datenleitungen, Gas- und Wasserleitungen und dergleichen, Hochfrequenz-Stoßströme in das Gebäude, die mit den Mitteln der Blitzschutztechnik nicht ganz eliminiert werden können. Normenarbeitskreise, Ingenieure, Wissenschaftler und Sachverständige behaupten aber, dass der Blitzschutzbauer, mit dem vorhandenen Normenwerk, Blitzschutzanlagen bauen kann, die alle diese Naturgewalten aufhalten können, man müsse sie nur richtig anwenden. Kommt es dann trotzdem zu Schäden, ist meistens nicht nachzuweisen, wo genau der Blitz eingeschlagen hat, also hat der Errichter etwas falsch gemacht. Es ist doch geradezu so, als wollte man mit baulichen Maßnahmen an den Gebäuden einen Tornado aufhalten. Natürlich wäre das möglich, man müsste dann aber statt Wohnhäuser Beton-Bunker ohne Fenster bauen. Aus dieser Sichtweise kann ich junge Techniker nur davor warnen, in dieser mit Normen überfrachteten Branche zu arbeiten, geschweige denn sich selbständig zu machen.

Vor ein paar Tagen erhielt ich die Mail, eines Dachdeckermeisters. Der Wahnwitz geht weiter, man beachte, Dachdeckerei-Betriebe dürfen Blitzschutzanlagen bauen???? Dieses Privileg stammt noch aus alten ABB Tagen. Wie kann das sein, ein Dachdeckerbetrieb hat überhaupt keinen Bezug zur Elektrotechnik. Diese Mail und meine Antwort möchte ich an dieser Stelle als Warnung vor Nachahmern einfügen:

Anfrage:

Danke für dieses tolle Buch über den Blitzschutz! Ich habe es mit Freude gelesen. Dann habe ich selbst gerade eine Ausbildung in Mayen als Blitzschutzfachkraft absolviert. Dürfte ich Ihnen mal eine fachbezogene Frage stellen? Sie wäre über ein aktuelles Projekt. Mein Name ist Ernst German (Name geändert), ich bin Dachdeckermeister und habe ihr Buch "~Blitzschutz~ Die Entstehung einer Branche und ihre Normen-Krise" gelesen. Und natürlich habe ich in dem Blitzschutzlehrgang vor zwei Wochen auch (theoretisch) gelernt eine Anlage nach den neuesten Normen zu planen inkl. der "Trennungsabstände". Leider bin ich jetzt doch etwas verwirrt und vielleicht könnten Sie mir einen kleinen Tipp geben. Gruß Ernst

Antwort:

Hallo Ernst, wo wohnen Sie eigentlich? (Anmerkung des Verfassers, im Harz)
Wenn Sie mein Buch aufmerksam gelesen haben, werden Sie auch die Bemerkung, dass Blitzschutz bauen, schwieriger als Tapezieren ohne Anleitung ist. Außerdem erwähnte ich, dass

unsere Anfänger mindestens fünf Jahre benötigen, um selbständig Anlagen errichten zu können. Ich fürchte, dass Sie nur mit einer theoretischen Ausbildung das System Blitzschutz nicht verstehen werden, man muss beides haben, Theorie- und Praxisausbildung, sonst wird das nichts. Im Laufe von vielen Jahren, habe ich immer wieder erlebt, dass Dachdecker- und Elektriker versucht haben nebenher Blitzschutz zu bauen, sie sind alle gescheitert. Seit wir die neuen Normen haben, ist es selbst für alteingesessene Firmen nahezu unmöglich geworden, einen normgerechten Blitzschutz zu installieren und da wollen Sie als Neuling mitmischen? Denken Sie auch an die Haftung im Schadensfalle, das kann teuer werden. In unserer Branche sind fast alle etablierten Firmen frustriert und verunsichert, natürlich geben sie das nicht zu. Im Großraum Stuttgart gibt es nach meiner Beurteilung nur ein Ing. Büro, das in der Lage ist, eine ordentliche Blitzschutzplanung, und zwar vor dem Baubeginn durchzuführen, eine sachgerechte Ausschreibung aufzustellen und die Ausführung der Arbeiten zu überwachen. In aller Regel hat sich der Blitzschutz um das 10 - 20 % verteuert, sodass ihn kaum ein Bauherr freiwillig einbauen lässt. TÜV, Firmen und Sachverständige streiten um die Deutungshoheit über die Normen, und müssen immer wieder erfahren, dass in dieser Branche vieles wünschenswert, aber auch mit viel Geld nicht machbar ist, weil die Komplexität heutiger Bauwerke unüberschaubar ist, und daher die Hauptforderungen der neuen Normen, >die Trennungsabstände < nicht eingehalten werden können. Da helfen auch die von der Norm angebotenen Hilfsmittel, wie die Erhöhung der Anzahl der Ableitungen, zusätzliche Ringleitungen und HVI Leitungen nicht. Früher ging man von einer Haltbarkeit von Dreißig Jahren für verzinkte Stahlleitungen aus. Dann kam 1980 die Aluminium-Knetlegierung, wie lange die hält, weiß noch keiner, wie lange schätzen Sie die Haltbarkeit der HVI Kunststoffleitungen ein? Dabei muss man wissen, dass es bis heute noch keinen UV beständigen Kunststoff gibt. Wenn Sie weiter in Betracht ziehen, dass aus Kostengründen nur in wenigen Fällen, die Anlagen gemäß den Vorgaben der VDE 0185 geprüft und gewartet werden, können Sie sich ausrechnen, was eine solche HVI Anlage in 20 Jahren noch wert ist, bzw. wie wirksam sie noch ist! Um die Trennungsabstände rund um das Gebäude festzulegen, muss man gottähnliche Fähigkeiten besitzen, um die Blitzkugel über das Gebäude rollen zu können. Bestes Beispiel ist der Berliner Katastrophen-Flugplatz. Da diskutiert man inzwischen, die Kabelstränge wieder rauszureißen und neu zu verlegen, weil keiner mehr weiß, wohin sie führen und wozu sie verlegt wurden. Wollen Sie dort eine Normgerechte Blitzschutzanlage bauen, geht das z. Z. nur mit HVI Leitungen, die das oben beschriebene Haltbarkeitsrisiko in sich tragen. Bei Stahlbauten und eisenarmierten Betonkonstruktionen, brauchen keine Trennungsabstände eingehalten werden, das ist der beste Beweis dafür, dass sie überhaupt nicht eingehalten werden können, *weshalb hat man diesen Grundsatz hier aufgegeben?* Das müssen Sie mal die Weisen des Normenausschusses fragen? *Wegen des Faradischen Käfigs, den solche Gebäude doch nur lückenhaft bilden?* Weil doch viele hunderte bis tausende Kabel und Leitungen den Käfig durchlöchern? Am bekanntesten ist die früher verwendete Teleskop-Autoantenne, die beim Blitzeinschlag, den Strom ins Innere des Fahrzeuges einleitete. In den 1960ziger Jahren explodierte in Karlsruhe ein Gastank, weil über eine Mess- oder Steuerleitung der Blitzstrom ins Innere des Tanks eindrang und das Gas entzündete. Noch irgendwelche Fragen zu Näherungen? Das hohe Risiko der auf den Dächern installierten Auffangstangen, mit Höhen bis zu 15 Metern, wird nicht annähernd gewürdigt, da erhebt sich doch die Dachdeckerfrage: Macht da die Statik und die Tragfähigkeit der Dachhaut noch mit? und wer haftet, wenn solche Apparate mal vom Wind auf die Straße geschleudert werden?

Ich besuchte mal die Puszta in Ungarn, da standen um alle Gebäude eines Bauerngehöftes, im Abstand von 20 Metern ca. 12 Meter hohe Holzmasten, ich dachte wozu stehen die da herum, als ich näher hinsah, bemerkte ich, dass an den Masten jeweils mit Krampen Drähte aufgenagelt waren, die den Mast oben 0,30 m überragten. Unten verlief sich dieser Draht irgendwo im Boden. Das ist die einfachste, billigste und gleichzeitig die beste Isolierte Blitzschutzanlage, die ich jemals gesehen habe. Also, junger Blitzschutzfreund, wenn Sie mit einem Bein im Gefängnis sitzen wollen, dann bauen Sie Blitzschutzanlagen. Dass ich diesen kleinen Aufsatz nicht nur für Sie geschrieben habe, können Sie sich sicher denken. Deshalb möchte ich Sie bitte, mir zu gestatten, dass ich den Text Ihrer Anfrage-Mail in meinen Aufsatz >Blitzschutz < aufnehmen darf. Natürlich nur im Zusammenhang mit dem obigen Text, denn er könnte auch für andere lehrreich sein.

Mit freundlichen Grüßen
Horst Reiner Menzel

Jetzt am Ende meines Lebens muss ich hilflos mit ansehen, wie durch übereifrige Normenmacher, die zur Blitzschutz- Praxis nicht den nötigen Bezug haben, unsere ganze Branche, die wir Alten in harten Nachkriegsjahren aufgebaut haben, wieder eingestampft wird. Blitzschutzbau ist nicht mehr erfüllbar, ich behaupte mal, dass die meisten zurzeit in Europa errichteten Blitzschutzanlagen nicht im Mindesten den neuesten VDE 0185-305 Normen entsprechen und sich nur sehr wenige Anlagen dieser Norm annähern. Blitzschutz war immer eine Gratwanderung zwischen Erfüllung der Normen und wirtschaftlicher Machbarkeit. Bauteilehersteller meinen mit immer besseren Überspannungs-Schutzgeräten und den isolierenden HVI- Wunderleitungen, die Schäden von den komplexen technischen Systemen, in und an den Gebäuden, bei Blitzeinschlägen abwehren zu können, ja alle Überspannungsschäden in den Griff zu bekommen? Es bleibt jedoch der Verdacht, dass sie mehr daran interessiert sind, ihre Produkte zu verkaufen. Eine Frage bleibt jedenfalls offen, wie lange halten diese kunststoffummantelten 20 mm dicken Leitungen, die ständig auf sie einprasselnde UV- und Infrarot- Strahlung durch die Sonne aus? Dabei muss man wissen, dass es bis heute keine UV-beständigen Kunststoffe gibt, die Lebensdauer also auch maximal 15 – 20 Jahre begrenzt ist. Mehrere namhafte Hersteller-Firmen haben federführend in den VDE Normengremien mitgearbeitet, das Ergebnis sind die isolierten Blitzschutzleitungen, der vermehrte Einbau jeder Menge Überspannungs-Geräte, damit eine gegen alle atmosphärischen Störeinflüsse gewappnete Blitzschutzanlage errichtet werden kann. Ein „G'schmäckle " hat die Sache allerdings, vier Meter dieser vorkonfektionierten Superleitungen kosten ca. 300 - 400 €, abzüglich der den Firmen gewährten Rabatte. (Die Kostenangaben können nicht genauer verifiziert werden, da auch dieses System so komplex geraten ist, dass man bei der Kalkulation verzweifelt. Dehn hat meiner Meinung nach daraus einen unüberschaubaren Baukasten für Bastler daraus gemacht. Man wird sehen, was andere Hersteller auf den Markt bringen, wenn die Patentrechte in ein paar Jahren auslaufen. Indessen, die Erfahrung lehrt, dass es einen hundertprozentigen Schutz gegen Naturgewalten nie geben kann und nie geben wird. Es war immer menschliches Bemühen, sich so gut wie eben möglich dagegen abzusichern. Die jetzt von den Blitzschutz-Errichtern, durch die Normung geforderte Eierlegende-Blitzschutz-Wollmilchsau, wird es auch nicht geben. In einigen Jahren wird man wissen, ob die Isolierleitungen das halten können, was die Ingenieure sich davon versprochen haben. Aus allen vorgenannten Gründen, müssten die Normen, wieder an die Realitäten angepasst werden und nicht umgekehrt. Das Hauptkriterium dabei ist die zu niedrig festgelegte Formel für den Trennungsabstand, sie sollte mindestens auf den doppelten Abstand, bei den einzelnen Schutzklassen festgelegt werden. Schon in den ersten Monaten, der >Erprobungsphase < der Norm, wurde sie auf Grund von Einsprüchen, unter anderem auch von mir, etwas angepasst. Wie man daran sehen kann, ist auch eine naturwissenschaftlich entwickelte Formel veränderbar, wenn man nur will. Das legt den Schluss nahe, dass hier nicht nur Naturwissenschaft, sondern auch Menschen am Werk waren, die eine Festlegung getroffen haben, die unrealistisch ist. Wer dies nicht glauben möchte, solle das mal an folgenden Beispielen durchrechnen. Die Norm empfiehlt, wenn der Trennung-Abstand nicht eingehalten werden kann, solle man die Anzahl der Hauptableitungen erhöhen. Nehmen wir mal an, ein simples Gebäude hat einen Umfang von 40 m, ist 12 m hoch und es wurde die Schutzklasse 3 festgelegt, Erdungssystem B, Ringleitung, also müssen drei Ableitungen angebracht werden. Die Wandstärken betragen im Wesentlichen 30 cm, das ergibt bei drei Ableitungen, einen errechneten Trennungs-Abstand bei Festmaterial in 12 m Höhe von 50 cm. Es ist daher anzunehmen, dass der Abstand zu Antennen- und elektrischen Leitungen in Firstnähe nicht ausreicht, um die Norm zu erfüllen. In 8-10 m Höhe, also im Bereich der oberen Wohnungen, sind immer noch 25 – 30 cm Trennungsabstand einzuhalten. Durch die Unterputz-Verlegung von Leitungen, verringert sich der tatsächliche Abstand zwischen Blitzschutz und elektroelektronischen Systemen, auf höchstens 20 cm, das bedeutet, dass schon an einem so simplen Gebäude die Trennungs-Abstände nicht eingehalten werden können.

Wenn wir nun, wie empfohlen die Anzahl der Ableitungen erhöhen, merken wir sehr schnell, dass wir auch mit 6 Ableitungen den Trennungsabstand nur auf 35 cm verringern können, selbst bei 40 Ableitungen, sie lesen richtig, 40 Ableitungen an diesem

Gebäude, können wir die Näherungswerte nur auf 28 cm runter drücken. Mit zunehmender Gebäudehöhe, verschlimmert sich diese Abstandsberechnung ins Unendliche. Allheilmittel dagegen sollen Ringleitungen sein, die in weiteren Gebäudehöhen, rundherum um die Gebäude zu verlegen sind, und dann eine weitere Potentialausgleichsebene bilden. Da diese Ringleitungen mit Potentialaus-gleichschienen in gleicher Gebäudehöhe verbunden werden müssen, kann man sich leicht vorstellen, dass über diese Verbindungen hohe Ausgleichströme durch die Gebäude fließen werden, die dann wiederum mit Maßnahmen des >Inneren Blitzschutzes< bekämpft werden müssen, usw. usf., so frage ich mich, wie war denn das, mit Herrn Faraday, der fand doch heraus, dass in einem nach ihm benannten Käfig kein Strom fließt, aber nur dann, wenn man ihn nicht hineinleitet, also den Käfig mit Metallleitungen durchbricht. Das Hilfsmittel, welches die Norm empfiehlt heißt, es sollen nach Möglichkeit Elektroleitungen im Dachbereich umgeändert und weit von der Blitzschutzanlage entfernt verlegt werden. Wie man das bewerkstelligen soll, bleibt ein Geheimnis der >Normenmacher <, denn in Firstnähe können sie nicht bleiben, an den Sparren würden sie sich wieder der Blitzschutzanlage >nähern<, da die Lampen aber oben hängen sollten, müsste man sie an Holzlatten tiefer hängen und dann eine Freileitung zum Dachfußboden an der Latte herunterführen. Was wohl ihr Kunde dazu sagen würde? in Bayern würde das etwa so klingen: >a, gehen`s, mit ihrem Blitzschutz, des is e Schmarrn <, also hilft nur noch eins, dem Kunden was vormachen, oder wieder nachhause fahren und keine Blitzschutzanlage verkaufen.

Was bleibt zu tun, wenn es nach den Herstellerfirmen geht, HVI Leitungen einsetzen und damit sind wir dann beim Kostenfaktor, was ist der Kunde bereit zu bezahlen, und noch viel wichtiger, ist er bereit diese 20 mm dicken Leitungen an seinen Außen-

Wänden zu akzeptieren? Da baue ich doch lieber eine nicht ganz so gute, nicht ganz so teure Blitzschutzanlage ein, die aber den Zweck erfüllt, Menschen und Gebäude vor Lebensgefahren und Eigentumsverlusten zu schützen, auch wenn bei einem Direkteinschlag ein paar Fernseher, oder andere technische Geräte kaputtgehen.

Bei all der Kritik, soll hier nicht gegen die HVI-Leitungen polemisiert werden, sie bedeuten bei vielen Problemfällen, dass sie das scheinbar einzige Hilfsmittel sind, um gerade dieses Trennungsabstandsproblem in den Griff zu bekommen. Das ich mit meinen Einlassungen recht habe, beweist der Umstand, dass man sie überhaupt entwickelt hat. Wären die Trennungsabstände einzuhalten, würde man nämlich die HVI Leitungen nicht benötigen. Was mir daran nicht gefällt ist, sie dürfen auf Grund von Patenten nur von ein oder zwei Firmen hergestellt werden, die damit viel Geld verdienen. Aber in ein paar Jahren, laufen diese Patente aus und man wird sehen, was sie dann kosten werden. (Der Patentschutz ist inzwischen abgelaufen, doch ich denke, man wird weitere Hürden finden, um einen fairen Wettbewerb nicht zuzulassen.)

Einen weiteren Beweis für die Willkürlichkeit der Annahmen, besteht in der Festlegung des Faktors km für feste Stoffe und Luft in der Berechnungsformel, hier gibt es keine ausreichenden wissenschaftlich nachweisbaren Werte, mangels derer, werden Erfahrungswerte angenommen. Was ja dann auch wieder in der Festlegung gipfelt, dass die Isolierenden HVI-leitungen all diese Probleme lösen können. Wie man sieht, wieder ein Sonder-Kompromiss. Wenn aber, und dem stimme ich voll zu, Kompromisse bei der Auslegung der Normen gemacht werden müssen, dann sollten sie realistisch sein, also der Wirklichkeit angepasst werden. Der große Selbstbetrug besteht darin, dass man zwar mit den Formeln die Abstände berechnen kann, aber leider nie genau weiß, wo und wie tief in einer Wand oder im Gebäude sich metallische Leitungen befinden, die von Blitzschutzleitungen getrennt werden müssen, dazu müsste man sie aufhacken. Weiterhin ist es unmöglich zu ergründen, wo und in welchen Bereich, in einem unserer mit einem sehr komplexen Innenleben ausgestatteten Gebäude, das ganze vermaschte Leitungssystem Näherungen, auch Eigennäherungen hat. Stelle ich z. B. an einer Gebäudeecke fest, dass hier der Elektriker eine Lampe installiert hat, darf ich dort keine Blitzschutzableitung montieren. Der Architekt hat aber gerade an dieser Ecke ein Regenfallrohr montiert! Es hilft mir also überhaupt nichts, wenn ich meine Blitzschutzableitung etwas versetze, dann hat das zu erdende Regenfallrohr, immer noch eine Näherung zum Blitzschutz, weil es eben aus Metall ist und bei einem Einschlag Blitz-Teilströme führt. Ich könnte natürlich verlangen dieses Rohr zu entfernen oder gegen ein Kunststoffrohr auszutauschen, oder die Lampe zu entfernen, aber da sind dann wieder ein paar metallenen Fensterbretter oder Putzschienen, die man leider nicht sehen kann und die haben mit zunehmender Gebäudehöhe, bestimmt zu weiteren Installationen eine Näherung. Das Versetzen von Ableitungen ist genauso problematisch, denn die Norm empfiehlt ja ausdrücklich, sie an den Gebäudeecken anzubringen. Da kommt dann wohl nur wieder die HVI Leitung in Betracht? Oder? Nein, die vielen stromführenden Regenfallrohre mit ihren Näherungen zu allen in und am Gebäude befindlichen Metallteilen bekommen sie mit kurzen HVI-Leitungen nicht in den Griff, da müssen sie dann schon alle Ableitungen mit HVI bauen. Auf Grund dieser Analyse empfehle ich, das Trennungs-Abstands-Rechnen den Realitäten anzupassen. Bestimmt kommt in kürzester Zeit ein Elektriker, der vom Blitzschutz und seinen Näherungen keine blasse Ahnung hat, und verlegt neue Leitungen quer über alle Blitzschutz-Einrichtungen hinweg und somit, sind die Bemühungen der Blitzschutz-Errichter wieder zunichtemacht.

Hierzu kann ich ihnen ein Beispielfoto zeigen, das den ganzen wahnsinnigen Sachverhalt ohne Worte erhellt. Zuerst war da das Regenfallrohr, dann kam der Telefonleitungsbauer, danach wohl der Blitzableiter und dann die DSL-Anschlüsse, oder umgekehrt? Diese Anlage wurde von einer namhaften Blitzschutz-Firma errichtet, die auch an den Normen mitgearbeitet hat. Wer hat nun hier was falsch gemacht? Alle sind sie der VDE verpflichtet! Trotzdem totales Chaos. Nun urteilen sie selbst, wer welche Leitungen wann und was falsch verlegt hat? Vor allem wer diese Änderungen bezahlen soll, jeder wird behaupten nichts, aber auch gar nichts falsch gemacht zu haben. Der Blitzschutzfachfirma kann man hier bestimmt nicht die alleinige Schuld zuweisen, denn gerade diese Firma, ist eine der kompetentesten der beteiligten Firmen, die bei der Normung maßgeblich mitgewirkt hat.

Dazu kommt, dass fast alle anderen Bau-Gewerke, nicht einmal die Elektrofachfirmen, kaum etwas vom Blitzschutz verstehen. Es gibt auch nur sehr wenige Ing. Büros, die in der Lage sind,

überhaupt eine fachgerechte Ausschreibung für das Blitzschutz-
gewerk zu erstellen. Meistens sind es dann wieder die Blitzschutzfirmen, die mit ihren Fachkräften diese Arbeit leisten,
aber ungerechterweise dafür nicht bezahlt werden. Bei zusätzlichen Elektro-Einbauten z. B. Solarzellen, ziehen diese "Spaßma-
cher" ihre Leitungen quer über alle Blitzableiter hinweg und stellen ihre Solarzellen auf die Blitzschutz-Dachleitungen drauf. Die
Idealvorstellung der Normenmacher, ist die Koordination aller
Gewerke durch ein Elektro-Fach-Ingenieurbüro, das vom ersten
Spatenstich an die Arbeiten koordiniert. Die Praxis sieht aber leider so aus, dass sich das kein Bauherr, auch die Kommunalen
den Blitzschutz leisten, wenn er nicht vorgeschrieben wird. Die
Generalunternehmer geben inzwischen auf dem Bau den Ton
an, und Blitzschutz-Firmen haben schlechte Karten, sich gegen
diese Multis durchzusetzen. Reklamieren sie die nicht sachge-
rechten Auf- und Einbauten, gehen Bauämter und Gemeinden in
"Deckung", weil sie ja für diese Schlechtleistungen mit verantwortlich sind. Blitzschutzfirmen wollen sich in der Regel, mit den
Verantwortlichen nicht anlegen, sonst bekommen sie von dieser
Seite nie mehr einen Auftrag.

Dieser Normenzustand macht es inzwischen erforderlich, dass
Monteure auf der Baustelle einen Laptop benötigen, um für die
geplante Anlage, den erforderlichen Trennungsabstand in jeder
Gebäudehöhe, und für jede Situation ermitteln können. Heutige
Blitzschutzanlagen, sind für Bauherren zur Kostenexplosion geworden, die man sich nicht mehr leisten kann, also baut man
keine mehr ein, es sei denn man wird durch andere Vorschriften,
z. B. die Landesbauordnung oder von Versicherungen, dazu ge-
zwungen und diese erzwungenen Blitzschutzanlagen, sehen
dann auch oft entsprechend aus. Man kann sie als solche nicht
mehr bezeichnen, weil sie in vielen Fällen von Halb-Laien, die in
„Schnell mal Blitzschutzbauen Firmen" arbeiten, und danach

„auf nimmer Wiedersehen - Firmen ", errichtet werden. Die paar letzten seriösen Firmen, mit gut ausgebildetem Fachpersonal, bleiben durch diese Abzocker auf der Strecke, weil sie mit deren „Preisgestaltung" nicht mithalten können. Der Leidtragende ist später dann der Bauherr, wenn er nach der Prüfung einer solchen Anlage feststellt, dass er niemanden mehr für den entstandenen Schaden haftbar machen kann, weil er diese, „Draht aufs Dach und auf und davon Firmen ", nicht mehr zu fassen kriegt. Schon wegen der Gefahren geneigten Verantwortung, führt kein Weg daran vorbei; Konzessionsträger für den Blitzschutzbau müssen Elektromeister, oder Ingenieure sein, und nicht nur Konzessionsträger der Form halber, sondern Leute, die nachweisbar lange Jahre in Errichter-Firmen tätig waren, und daher über das entsprechende know how verfügen, denn inzwischen ist mindestens die Hälfte des Blitzschutzbaues Elektroinstallation, die von Nichtfachleuten keinesfalls geleistet werden kann.

Selbst die Prüfingenieure von TÜV und Dekra, die ja auch nur in Kursen, Selbststudium, sowie "learning by doing" und in langen Jahren ihrer Berufspraxis einen hohen Kenntnisstand erreichen, haben bei der Beurteilung von Blitzschutzanlagen Riesenprobleme. Oft fehlen Pläne, Prüfberichte oder Dokumentationen der Errichter, die in den Katakomben der Bauämter, den Verwaltungen und den privaten Archiven der Gebäudebesitzer verschwunden sind. So kommen mitunter nach Jahren die seltsamsten Prüfberichte, wieder bei der Ersteller-Firma als "Reklamation" an, und es gibt ein nicht enden wollendes Gezerfe darum, wer nun Recht hat, oder wer die Schuld trägt, bzw. wer die Kosten der Nachrüstungen zu tragen hat, usw. und usf..... Der Leidtragende ist immer der Gebäudeeigner und der Blitzschutz-Errichter, der sich in endlosen Diskussionen und mit Briefen mit den Prüfern auseinandersetzen muss. Denn der Prüfer hat ja immer "mehr Recht" als so eine kleine Blitzschutzfirma. Da verlangen

Prüfer, dass Pläne gefertigt werden und Trennungsabstands-Berechnungen vorgelegt werden müssen, wenn sie diese nicht gleich beim Hausmeister vorfinden, schreiben sie Beanstandungen. So einfach ist das. Dabei ist es doch eigentlich Sache der Hausbesitzer diese Unterlagen dem Prüfer zur Verfügung zu stellen, statt sie im Archiv verschwinden zu lassen. Natürlich ist es bei modernen Blitzschutzanlagen nicht möglich eine Anlage zu beurteilen, wenn man keine Planunterlagen bzw. alte Prüfberichte und Berechnungen mehr hat.

Wer soll nach Jahren noch wissen, welche Telekommunikations- Elektro-Fachleute und andere Handwerker, nach der Fertigstellung einer Blitzschutz-Anlage, Änderungen an den technischen Einrichtungen vorgenommen haben, die den sorgfältig aufgebauten Inneren- und Äußeren Blitzschutz beeinträchtigen oder zerstören. Wir als Blitzschutzbauer sind es gewöhnt, dass Prüfer uns für all diese Dinge verantwortlich machen. Meistens ist es nicht möglich festzustellen, in welcher zeitlichen Abfolge Arbeiten ausgeführt wurden, ohne den Blitzschutz-Errichter zu kontaktieren. Das geht mitunter soweit, dass mitten im August, also in der Hauptgewitterzeit, bei Kirchtürmen Ableitungen und Erdungen entfernt und sogar ganze Erdungsanlagen weggebaggert werden. Niemand von den Verantwortlichen kommt auf die Idee eine Blitzschutzfachfirma hinzu zu ziehen.

Oft ist es nicht mehr möglich den Zeitpunkt der Errichtung einer Anlage festzustellen, da wird dann drauflos beanstandet, obwohl die Anlage noch einen Bestandsschutz hat, also nicht zwingend nachgerüstet werden müsste. Da die Prüfer ohne Pläne die Erdungsanlage nicht bewerten können, werden dann Nachrüstungen an den Dachaufbauten gefordert. In allen solchen Fällen, müssen natürlich dann auch die Erdungs-Anlagen und die Anzahl, sowie die Verteilung der Ableitungen nachgerüstet werden. Wo hier die Grenzen der Umrüstungspflicht beginnen und enden, bleibt der Fantasie der Blitzschutz-Prüfer überlassen. Damit will ich nicht behaupten, dass man nicht vernünftige Vorschläge zur Verbesserung einer Anlage machen kann, aber dann darf man sie nicht als Beanstandungen in einen Bericht schreiben. Einer dieser "Spezialisten" forderte mal, dass wir Stahleitern, welche zum Verbinden von verschieden hohen Flachdächern vorhanden waren, mit Auffangstangen schützen müssen. Diese Leitern seien Fluchtwege in den oberen Stockwerken. Ja wie, was hat denn ein Fluchtweg auf einem Dache zu suchen, was haben flüchtende Menschen auf einem Dach während eines Gewitters zu suchen? Den Fluchtweg hatte er nicht beanstandet, aber der Blitzschutz sollten wir Errichter fluchtsicher machen, falls, ja wenn es wirklich mal brennen sollte und gleichzeitig ein Gewitter über dem Ort toben würde. Ich schrieb im zurück, er solle doch verlangen, dass die Fluchtwege als Faradaysche Käfige ausgebaut werden, nur so können man die Fluchtwege absolut sicher machen. Das Beispiel soll nur aufzeigen, was für Blüten dieses übertriebene Schutz-Bedürfnis treibt.

Zwei Gebäude stehen hier im Ort, auf Haus A hatten wir eine Blitzschutzanlage errichtet, Überspannungsschutz ist vorhanden. Die auf dem Nachbarhaus B war von einer anderen Firma gebaut worden. Kein Überspannungs-Schutz vorhanden. Neulich schlug der Blitz in die Hochantenne des Nachbarhauses B ein, Baujahr ca. 1980, Schäden: Die Yagiantenne war zerstört, der Fernseher auch. Am Haus A waren entlang der von den Gipsern eingebauten Metallschienen große Absprengungen am Putz vorhanden. Der Fernseher und andere elektronische Einrichtungen, sowie Lampen kaputt und das obwohl ein Überspannungsschutz vorhanden war. Durch die abgesprengten Putzschienen am Haus A, konnte man den Weg des eingekoppelten Blitzstromes genau verfolgen. Er war von der

Erdungsanlage des Nachbarhauses über die Aluschienen, zehn Meter am Sockel entlang zur Außenlampe und von dort in das Gebäude eingedrungen. Warum erwähne ich diesen Vorfall. Er zeigt klar und deutlich auf, dass es keine Allheilmittel gegen Naturgewalten gibt. Er zeigt auch auf, dass es einem Blitzschutz-Errichter unmöglich ist, alle diese vermaschten Metallsystemen aufzuspüren, um sie bei der Planung oder Ausführung einer Anlage zu berücksichtigen. Falls er sie findet, kann er die einen Millimeter dicken Schienen auch nicht erden, weil sie alle paar Meter eine Unterbrechung aufweisen, welche die Hochstromstoß-spannung mühelos überwindet.

Dem einfachen Blitzschutzbaubetrieb wird heutzutage zugemutet, dass er natürlich kostenlos und zeitnah ein Angebot einreichen soll, dabei arbeitet der Blitzschutzbauer in einer Branche, wo man sich als Bauherr nur mal orientieren möchte, was so eine Anlage kostet und wenn zu teuer, diese Anschaffung verwirft. So kommt es vor, dass Blitzschutz-Firmen 20 – 30 Angebote machen müssen, um einen Auftrag zu erhalten, was wiederum die Kosten belastet und langsam aber sicher zum Firmensterben führt. Andere Branchen, z. B. die Zimmerer oder Dachdecker, wissen mit Bestimmtheit, dass auf jedes Haus ein Dach draufkommt, wir dagegen wissen mit Sicherheit, dass nur auf etwa jedes tausendste Dach eine Blitzschutzanlage gebaut wird.

Früher war man in angemessener Zeit mit einer Angebotsabgabe fertig. Heutzutage muss ihr eine gründliche Recherche der baulichen Gegebenheiten vorangehen, zunächst muss ermittelt werden, ob überhaupt eine Anlage für dieses Gebäude erforderlich ist, also, eine sogenannte Risikoanalyse muss durchgeführt werden, danach muss die Blitzschutzklasse ermittelt werden. Dann erfolgt die akribische Erforschung des Innenlebens des Gebäudes und die Ermittlung der sog. Trennungsabstände zu technischen Einrichtungen in und am Gebäude, sie müssen aufgespürt werden und wenn dann eine skizzenhafte Zeichnung gefertigt ist, beginnt die Massenermittlungen für das eigentliche Angebot.

Danach werden umfangreiche Berechnungen mit Computerprogrammen durchgeführt, die bei der gegenwärtigen Normenlage eine Aufgabe ist, die einer wissenschaftlichen Arbeit gleichkommt, demzufolge mehrere Stunden in Anspruch nimmt. Für alle diese Arbeiten sind umfangreiche Berechnungen, Analysen und Planungsberichte zu erstellen, das eigentliche Kostenangebot tritt dabei völlig in den Hintergrund. Nach der erfolgten Montage, soll der Blitzschutzbauer die Verantwortung für diese seine Leistung übernehmen. Nebenbei soll er auch noch Geld für seinen Lebens-Unterhalt verdienen, und für die trotz aller Sorgfalt eventuelle auftretenden Blitzschäden, übernimmt er wenn es dumm läuft auch die Verantwortung. Wenn jemand durch Blitzschlag getötet wird, steht der Staatanwalt auf der Matte. Das ist einfach zu viel verlangt, eine Rückkehr des europäischen Normenwerks zur Vereinfachung ist dringend erforderlich. Es geht nicht an, dass die Monteure oder die Chefs mit den Laptop auf dem Dach herumlaufen müssen, um vor Ort weitere umfangreiche Ermittlungen anzustellen, wie denn nun die Anlage im Detail ausgeführt werden muss. Da müssen Blitzkugelmodell-Berechnungen durchgeführt werden, für die bisher noch niemand in der Lage war, ein Computerprogramm zu entwickeln, wie auch, da benötigt man ein 3D CAD Modell des Gebäudes, doch wo bekommt man das her? Da müssen Blitzkugel-Durchhang- und Schutzwinkel Berechnungen durchgeführt werden. Deshalb werden diese Arbeiten nur mittels Schätzungen und/oder Zeichnungen oder mittels Schablonen, mit annähernder Genauigkeit durchgeführt. Nimmt man noch den enormen Aufwand hinzu, der durch die rings um die Gebäude 50 cm tief einzubringenden Erdleitungen bei Altbauten entsteht, ist eine annähernd normengerechte Anlage ein riesiger Kostenfaktor, den sich heutige Bauherren nicht mehr leisten wollen. Im sogenannten freiwilligen Bereich, also dort, wo Blitzschutzanlagen nicht vorgeschrieben sind, meistens private Gebäudeeigner, muss unbedingt versucht werden, den Blitzschutz zu vereinfachen, denn eine etwas einfachere Anlage schützt immer noch besser, als überhaupt keine. Vor allem muss eine Trennung zwischen >Innerem und Äußerem< Blitzschutz erfolgen, so kann jeder private Bauherr für sich entscheiden, ob er nur sich und sein Haus schützen möchte, oder auch noch seine gesamten technischen Einrichtungen, für die er auch eine Versicherung abschließen kann. Außerdem muss der riesige Aufwand, den die Erdaufbrucharbeiten verursachen, durch den Einsatz von Tiefenerdern, die nicht alle in den Potentialausgleich einbezogen werden müssen, reduziert werden, nur so hat diese Branche eine Überlebenschance.

Neulich rief mich ein Freund an, er ziehe in Erwägung eine Blitzschutzanlage auf sein Wohnhaus installieren zu lassen. Er hatte sich ein Angebot machen lassen, als er aber merkte, dass das Gelände rings um seine >kleine Villa < aufgerissen werden müsste, und viele Löcher durch seine Wände und Fundamente gebohrt werden sollten, habe er den Gedanken schnell fallen lassen, außerdem so bemerkte er, sollten da so lange >Auffangstangen < auf seinem Dach installiert werden, das sehe unmöglich aus. Auf dem Dach und an den Wänden, wolle man >so dicke Kunststoffkabel < (HVI Leitungen) herunter montieren, das käme für ihn nicht in Frage.

Sicher kann sich der Leser gut vorstellen, wie viel Arbeit es gekostet hatte, den Blitzschutz seriös und populär zu machen, diese Jahrzehnte lange Arbeit, wurde durch diese Normung zunichtegemacht. Bauten wir vorher mindestens die Hälfte aller Anlagen auf privaten Gebäuden, so ist der Umsatz in den letzten Jahren in diesem Bereich fast auf null gesunken. Gebäudebesitzer riskieren lieber einen Blitzeinschlag in ihre Gebäude, bevor sie sich ihre Häuser und das Gelände drumherum verunstalten lassen. Die meisten Architekten lehnten schon immer den Blitzschutz ab, weil er mit ihren Vorstellungen von der Ästhetik eines Gebäudes nicht vereinbar war. Es hatte uns jahrzehntelange, mühsame Kraftanstrengungen gekostet, den Äußeren-Blitzschutz so zu gestalten, dass er nicht allzu sehr in die Gebäudestrukturen eingreift, ja das er fast unsichtbar wurde, nur auf dieser Basis und mit viel Überzeugungsarbeit konnten auf privaten Gebäuden Blitzschutzanlagen verkauft und gebaut werden.

Hohe Blitzschutz-Auffangstangen strecken den Gewitter-Wolken ihre Fangladungen entgegen. Es ist aber bekannt, das hohe Metallstangen eine ionisierende Wirkung haben, deshalb schlägt der Blitz häufiger ein, als in Blitzschutzanlagen ohne Stangen, weil sie sich vor dem Blitz in die Umgebung >wegducken <. Es erhebt sich daher die Frage: Mehr Einschläge in Kauf zu nehmen und damit das Elektroniksterben erst herauf zu beschwören, oder eine Blitzschutzanlage zu haben, in die weniger Blitze einschlagen, aber das Gebäude und seine Bewohner trotztdem wirksam schützen. Auf diese Frage erwarte ich von den Normen-Ausschüssen eine ehrliche Antwort ohne Ausflüchte. Wenn sich auch die Material-Hersteller über explodierende Umsätze freuen, sollten sie daran denken, dass das nur eine Moment-Aufnahme ist und nicht zu früh jubeln, denn die Hauptarbeit, auch für ihre Umsätze leisten immer noch die Blitzschutzbaubetriebe. Gehen die Umsätze zurück, weil auf privaten Gebäuden und Industrieanlagen, auf freiwilliger Basis keine Blitzschutzanlagen mehr gebaut werden, gehen auch ihre Umsätze zurück und werden langfristig einbrechen.

Obwohl die Gewittertätigkeit durch die Klimaveränderung weltweit rasant zunimmt, werden seitens der Presse immer wieder Artikel in Zeitschriften und Tageszeitungen platziert, die von jeglicher Sachkenntnis ungetrübt behaupten, dass man auf „normalen Gebäuden" keine Blitzschutzanlagen benötigt, weil ja die Versicherungen die Blitzschäden regulieren würden.

Montagewagen MS-Blitzschutz GmbH

Dabei wird außer Acht gelassen, dass eine Blitzschutzanlage nicht nur Sachwerte, sondern in erster Linie Menschen vor Blitzeinwirkungen zu schützen hat, das ist ihre eigentliche Hauptaufgabe. Wenn man Gebäude Besitzer fragt, warum sie keine Blitzschutzanlage auf den Dach haben, oder ihre vorhandene Anlage bei Dachumbauten entfernt wurde, hört man immer die gleichen Sprüche: Der Dachdecker, der Architekt oder der Elektriker hat gesagt, dass Blitzschutz "heute eigentlich" nicht mehr benötigt würde, weil es in der Umgebung in hohe Gebäude einschlagen würde, oder weil die Blitzschutzanlagen sowieso nichts helfen würden, oder weil es trotz Blitzschutzanlage in das Haus einschlagen könne, oder eher in die nebenan stehenden hohen Bäume, oder eben, weil die Versicherungen alle Schäden bezahlen würden. Die gesamte Elektrofachbranche und das Dachdecker-Handwerk stoßen in völliger Unkenntnis und obwohl man gerade von diesen Branchen mehr Sachkenntnis erwarten müsste, in das gleiche Horn. Man kann es nicht oft genug sagen, all diese selbsternannten sogenannten Fachleute haben keine Ahnung, geschweige denn, sind sie Fachleute in der Risikobewertung. Sie wissen gar nicht, worauf sie sich mit ihren Aussagen, in Sachen Blitzschutznotwendigkeit da einlassen. Bei Todesfällen steht plötzlich der Staatsanwalt auf der Matte, und fragt nach, wer denn bitteschön diese falschen Ratschläge gegeben hat.

An die Firma Fautz in Villingendorf, erging unlängst die Anfrage, was es kosten würde, alle Blitzschutzanlagen auf Aldi-Süd Filialen zu entfernen! (Auskunft des Firmeninhabers Gerhard Haupt) Ein namhafter Fachmann hätte ihnen gesagt, das auf ihren Gebäuden keine Blitzschutzanlagen erforderlich sind! Ob dieser Fachmann wohl alle Gebäude angesehen und eine Risikobewertung durchgeführt hat, ist zu bezweifeln?

Zur Warnung sei es allen noch einmal ins Stammbuch geschrieben, nur ein Blitzschutzfachmann, kann mit einiger Sicherheit und vor Ort ermitteln, ob ein Gebäude blitzgefährdet ist, oder ob man auf eine Blitzschutzanlage verzichten kann. Für öffentliche Gebäude gelten die Landesbauordnung, und die Versammlungsstätten-Verordnung, die zwingend Blitzschutzanlagen vorschreiben, seitens der Sachversicherer gelten die Auflagen, die sie den Gebäudebesitzern vorgeben. Im Zweifelsfall kann sich jeder im Internet unter:

http://vds.de/fileadmin/vds_publikationen/vds_2010_web.pdf
www.ms-blitzschutz.de
„schlau "machen, ob es vorgeschrieben, oder sinnvoll ist, auf seinem Gebäude eine fachgerecht installierte Blitzschutzanlage errichten zu lassen.

An die Blitzschutz-Bauteile-Hersteller ergeht meinerseits noch folgende Mahnung: Sie waren alle mehr oder weniger daran beteiligt, das Vorschriftenwerk zu verkomplizieren. Allen voran die Hersteller von Überspannungsschutzgeräten und HVI Leitungen. Natürlich ist ihnen, durch den erhöhten Aufwand, der durch den Einbau von HVI Leitungen und Überspannungs-Schutzgeräten entsteht, und durch die Herstellung von hohen Auffangstangen ein Umsatzplus zugefallen, das wird aber nicht so bleiben, weil man die Blitzschutzfachfirmen mit den Normenproblemen allein gelassen hat. Langfristig gesehen, werden sie diese Zuwachsraten nicht mehr erzielen können, weil in der Folge der VDE 0185-305 Verschärfungen immer weniger Blitzschutz-Anlagen installiert und repariert werden. Das ist eigentlich sehr schade, denn wieder einmal hat der "sogenannte kleine Mann", der auf seinem Einfamilienhaus, oder seinem kleinen Betrieb auch eine preiswerte Blitzschutzanlage haben möchte, das Nachsehen. Nach meinen langjährigen Erfahrungen mit dem Überspannungsschutz, habe ich erhebliche Zweifel, dass sich alle Probleme zum Schutz der elektronischen Einrichtungen die mit den Blitzauswirkungen einhergehen, lösen lassen. Ich nehme an, dass der volkswirtschaftliche Aufwand um eine höheren Schutz-Wirkung zu erzielen größer ist, als der Ersatz der durch Blitzeinwirkung gelegentlich zerstörten elektronischen Geräte. Man muss auch akzeptieren können, dass all unseren

Schutz-Bemühungen wirtschaftliche und physikalische Grenzen gesetzt sind. Den Normen-ausschüssen mache ich den Vorwurf, dass sie in Kenntnis der geschilderten Sach-Zwänge, die gesamte Blitzschutzbranche in eine äußerst prekäre Situation gebracht haben. Wenn sie selbstkritisch und ehrlich sind, müssten sie genauso wie jeder Blitzschutz-Fachmann wissen, dass man die Normen meistens nicht einhalten kann. Ich fordere Sie auf, dass Sie diese Lücke, die zwischen Wollen und Können klafft schließen, indem Sie
sie sich zu dem Problem öffentlich bekennen.

Ende des Buches

Wenn Ihnen mein Buch gefallen hat, möchte ich Sie bitten eine Bewertung abzugeben. Gehen Sie in den Amazon-Büchershop, schreiben Sie Horst Reiner Menzel, klicken Sie in das Cover-Bild und wählen Sie Rezension, oder klicken Sie in das Feld >Schreiben Sie eine Bewertung < und nicht vergessen, Sie müssen Sterne vergeben.

Vielen Dank für Ihre Mühe, der Autor.

Anhang 1 Planungsbericht für ein Angebot

Allgemeiner Teil			
Eigentümer:		Projektnummer: Datum:	
Standort:		Errichter der Blitzschutzanlage:	
Ringleitungen zum Potentialausgleich:			
Vorgesehene Anzahl Ableitungen:		Nutzung:	
Anzahl der Messstellen insgesamt:		Dachdeckung:	
Gebäudeumfang:		Dachleitung:	

Die alte Blitzschutznorm VDE 0185 - 1982, ist nur noch für ältere Blitzschutzanlagen gültig, die vor dem November 2002 gebaut wurden. Es gilt der so genannte Bestandsschutz, auch für Reparaturen bis zu einem angemessenen Umfang an diesen Anlagen.

Die für die Ausführung dieser Anlage gültige Norm ist die DIN / VDE 0185-305 Teil 1 – 4, es dürfen nur noch diese Normen angewendet werden. Für verschiedene Gebäudegruppen, wurden Schutzklassen mit unterschiedlichen Schutzpegeln festgelegt.

Schutzklasse 1, mit einem Schutzpegel von 99%, ist für Explosions- gefährdete Gebäude der Pyrotechnischen- oder Petrochemischen Industrie, Sprengstofflager, Rechenzentren usw. vorgesehen. Schutzklasse 2, mit einem Schutzpegel von 97%, ist für Gebäude mit erhöhter Brandgefährdung, Krankenhäuser, hohe Kamine, Türme und Windkraftanlagen vorgesehen.

Schutzklasse 3, mit einem Schutzpegel von 91%, ist für öffentliche Gebäude, Flughäfen, Schutz- Hütten, historische Gebäude und exponiert stehende Wohnhäuser, Scheunen usw. vorgesehen.

Schutzklasse 4, mit einem Schutzpegel von 84%, ist für alle anderen z. B inmitten eines Ortes stehenden Gebäudes, mit einem geringer einzuschätzenden Schadensrisiko vorgesehen.

Die Festlegung der Schutzklasse wird gemäß VDE V 0185 Teil 2, mittels eines Computer-Programms ermittelt und dem Gebäudebesitzer vom Planer der Anlage vorgeschlagen. Für Verluste an öffentlichem Eigentum, Verletzung oder Tod von Personen und Verlust kultureller Werte, wird das akzeptierbare Schadensrisiko vom Gesetzgeber oder den Sachversicherern festgelegt.

Für wirtschaftliche Verluste muss das akzeptierbare Schadensrisiko durch den Gebäudebesitzer entsprechend des Planungsvorschlages und seiner eigenen Risikoakzeptanz festgelegt werden.
Für die o. g. Blitzschutzanlage wurde die Schutzklasse ……. vorgesehen.

Gemäß den Normen werden s. g. LPZ (Lightning Protektion Zonen) = Blitzschutzzonen definiert, die von außerhalb eines Gebäudes nach innen, höhere Schutzpegel gegen elektromagnetische Störungen bilden. LPZ 0A ist die Zone über der Blitzschutzanlage.

Zwischen Auffangeinrichtungen und Gebäudeaußenhaut befindet sich die LPZ 0B. Innerhalb des Gebäudes die LPZ 1. Für sensible elektrotechnische- und elektronische Einrichtungen und Geräte können weitere LPZ´ s definiert werden. Für obiges Gebäude wurde die LPZ ……. vorgesehen.
Inzwischen ist die VDE 0185 Stand der Technik und von allen Fachleuten anerkannt. In diese Norm sind die neuesten wissenschaftlichen Erkenntnisse der Blitzforschung eingeflossen. Ziel ist es, die enormen Schäden an elektrischen- und elektronischen Einrichtungen so weit wie möglich zu verringern. Aus diesem Grund verlangt die Norm nach

der Risikoabschätzung den Einbau von Überspannungs-Schutzgeräten. Der so genannte Blitzschutz-Potentialausgleich erfordert, dass alle in das Gebäude eingeführten metallischen Leitungen, wie Gas- und Wasserleitungen, Fernwärme, usw. mit dem Potentialausgleich des Gebäudes direkt verbunden werden.

Spannungführende Leitungen für die Energieversorgung, Telekommunikations- und Datenleitungen, müssen über so genannte Überspannungsschutzgeräte mit dem Potential-Ausgleich verbunden werden. Alle elektrotechnischen- und elektronischen Geräte und Einrichtungen des Gebäudes, sind dann bei Blitzeinschlägen weitgehend gegen elektromagnetisch ein gekoppelte Störspannungen geschützt. Bei konsequenter Anwendung der Normen, ergibt sich natürlich ein sehr hoher Kostenaufwand, der je nach Gebäude und Nutzungsart abgewogen werden muss.

Wenn z. B. eine produktionstechnische Anlage wegen eines Überspannungsschadens ausfällt, werden in der Regel sehr hohe Kosten für Stillstandzeiten anfallen. In diesem Fall sollten alle Möglichkeiten des Grob- Mittel- und Fein- Überspannungs-Schutzes ausgeschöpft werden. Aber auch bei einem Wohnhaus kann durch einen Blitzeinschlag ins Gebäude, oder in der näheren Umgebung ein Schaden von 10.000 Euro, oder mehr, an empfindlichen elektrischen- oder elektronischen Geräten auftreten. Wir empfehlen deshalb vor einer Auftragserteilung den Umfang des "Inneren Blitzschutzes" mit der Ersteller-Firma entsprechend Ihren individuellen Schutzbedürfnissen festzulegen.
Nach Risikoabschätzung empfehlen wir den Einbau folgender Überspannungsschutzgeräte:
B-Klasse Blitzstromableiter   Schutzpegel < 4 kV   Ableitvermögen Blitzstoßstrom < 100 kA
3-4 polig ....Stück

B u. C Klasse Kombiableiter   Schutzpegel < 1,5 kV Blitzstoßstrom 100 kA Ableitvermögen
3-4 polig ....Stück

C-Klasse Überspannungsableiter Schutzpegel < 1,5 kV Blitzstoßstrom
80 kA Ableitvermögen
3-4 polig.........Stück

D-Klasse Überspannungsableiter Schutzpegel < 0,8 kV Blitzstoßstrom
1,5 kA Ableitvermögen
1 polig ....Stück

Blitzschutzanlagen erhalten auf den Dächern Auffang-Vorrichtungen, die aus einzelnen Auffangstangen, Auffangspitzen, oder Auffangleitungen bestehen. Die Wandableitungen leiten den Blitzstrom in die Erdungsanlage, die aus Fundamenterder, Erdleitungen, Tiefenerdern oder Anschlüssen an die Stahlarmierungen der Fundamente, oder Erderkombinationen bestehen.

Fundamenterder werden ins Betonfundament des Gebäudes eingegossen und mit Anschluss-Fahnen für die Blitzschutzerdung versehen. Erdringleitungen werden in die Baugrube oder in einen Graben im Erdreich eingebettet. Tiefenerder, sind zusammensteckbare Metallstangen, die in den Boden eingerammt werden. Erdungen über Stahlarmierungen sind Anschlüsse an natürliche in den Betonwänden eingebettete Eisengeflechte.

Für die Blitzschutzanlage wurden folgende Erdungen, eventuell auch in Kombination miteinander vorgesehen:
 Tiefenerder und Stahlarmierungen werden als Erder Typ A bezeichnet. Fundamenterder und Erdleitungen werden als Erder Typ B bezeichnet.
Die Erdungsanlage wurde mit folgenden Erder-Typen, eventuell auch beide Erder-Typen geplant: Typ ....
Hauptableitungen sind massive Drähte 8 mm, die an den Wänden, hinter den Regenfallfallrohren, unter Putz oder Dämmstoffen eingebaut werden. Es können auch am Gebäude vorhandene Metalleinrichtungen, wie Stahlkonstruktionen oder Metallfassaden, Metalltreppen, usw., als natürliche Ableitungen verwendet werden. Als

Nebenableitungen bezeichnet man Bauteile, wie Regenfallrohre und Ähnliches, die nur unten geerdet werden müssen, weil sie beim Blitzeinschlag ebenfalls hohe Blitzströme führen.

Für die Blitzschutzanlage wurden .... Stück Ableitungen vorgesehen:

Zwischen den versorgungstechnischen Gebäudeeinrichtungen und Blitzschutzinstallationen muss ein Abstand eingehalten werden. Die Berechnung für den Trennungsabstand für die Luft-Abstandsstrecke und für festes Material, ist von Höhe der Näherung über der Potentialausgleichsebene abhängig.

Tabelle mit den errechneten Trennungsabständen:
Siehe Anhang

Bericht über eventuelle Abweichungen von den Normen und Begründung:
....
....
....

71546 Großaspach   den   Stempel - Unterschrift

Anhang 2

Dieses Schreiben schickte ich schon im Jahre 2001 an die Normen-Kommission. Viele Fragen von damals sind heute beantwortet, die Kernpunkte aber leider nicht, alle Verantwortlichen drücken sich darum herum.

An die
Deutsche Elektrotechnische Kommission
im DIN und VDE (DKE)
Stresemannstraße 15

60596 Frankfurt

Unser Zeichen Datum   28.01.2001   RM

Sehr geehrte Damen und Herren,

da wir es inzwischen nicht mehr mit Einzelnormen, sondern mit einem
ganzen Normenwerk zu tun haben, werde ich mich in der Folge in meinen Kommentaren nicht mehr auf einzelne Normen, sondern auf das
gesamte Normenwerk beziehen.

Ich gehe davon aus, dass interessierte Leser sich mit der Materie auskennen, wenn einzelne Normen angesprochen sind, werde ich diese
nennen.

*Nun zu den wichtigsten Themen, es sei noch der Hinweis erlaubt, dass hier ein
Praktiker die neuen Normen auf ihre Ausführbarkeit prüft, so ähnlich, als wenn
man sich in eine neue Software einarbeiten muss.*

Die Gebäude in 2 Gruppen aufteilen

Durch das gesamte neue Normenwerk zieht sich wie ein roter Faden
die Aussage, "das bei der Planung von LPS die Zusammenarbeit mit
den Planern und Architekten usw. beachtet werden muss ".

Dabei wird völlig übersehen, dass im Blitzschutzbau mindestens 80%
der LPS auf bestehenden Gebäuden errichtet werden.

Meistens wird der Blitzschutz-Errichter erst dann hinzugezogen, wenn am Gebäude bereits mit den Bauarbeiten begonnen wurde, oder wenn das Gebäude schon fertiggestellt ist.

Die neuen Normen machen keinerlei Unterschied zwischen Gebäuden auf denen aufgrund der Bauordnungen der Länder und nach der Versammlungsstätten-Verordnung eine Blitzschutzanlage seitens der Behörden vorgeschrieben wird, und jenen LPS, die auf freiwilliger Basis errichtet werden.

Gruppe I LPS die behördlich vorgeschrieben werden und solchen die aufgrund der Auflagen einer Versicherung errichtet werden.

Gruppe II LPS die auf freiwilliger Basis errichtet werden.

Nun werden Sie einwenden, dass man nicht zweierlei Normen machen kann, da stimme ich Ihnen zu, aber die Angelegenheit ist leider nicht so einfach.

Gruppe I

1. Bei baulichen Anlagen für die eine LPS vorgeschrieben wird, geht es hauptsächlich um den Erhalt von unersetzlichen Kulturgütern der Menschheit, und den Schutz von Menschenleben, oder um den Brand- und Explosionsschutz für Gebäude und Anlagen in der Industrie, Armee etc.

Bei solchen LPS kann nicht in Kauf genommen werden, dass durch Überschläge infolge von nicht eingehaltenen Sicherheitsabständen, oder durch das Fehlen von Überspannungsschutz-Einrichtungen ein Brand, Explosion, Panik oder ein sonstiger Schaden am Bauwerk entsteht.

Hier muss das LPS konsequent nach den neuen Normen, egal ob es sich um einen Alt- oder Neubau handelt ausgeführt werden.

Gruppe II

Gebäude für die aufgrund von Auflagen der Versicherungen ein LPS gebaut werden soll, muss der Versicherer und der Besitzer die Entscheidung treffen, welchen Schutzpegel das zu errichtende LPS besitzen soll.

Bei baulichen Anlagen für den Schutz von privaten, oder industriellen Gebäuden, für die auf freiwilliger Basis ein LPS errichtet werden soll, können die Vorgaben der neuen Normen nicht in allen Punkten gelten, es müssen Sonderregelungen bezüglich der Sicherheitsabstände, der geforderten Ringleitungen in Bodennähe und des Einbaus von Überspannungsschutzeinrichtungen in den Normen berücksichtigt werden.

Innerer Blitzschutz

Da für bauliche Anlagen der Gruppe II keine LPS vom Gesetzgeber vorgeschrieben werden, kann man die Gebäudebesitzer auch nicht zwingen Überspannungsschutz - Maßnahmen durchzuführen.

Die Gründe hierfür liegen auf der Hand.

Normalerweise geht man davon aus, dass der Blitz in alle Gebäude einschlägt, egal ob ein LPS installiert wurde oder nicht.

Da aber durch die Installation eines LPS die Gefährdung für ein Gebäude vor Zerstörung wesentlich gemindert wird, und auch die eingekoppelten Spannungen kleiner werden, wird niemand verstehen, warum bei Gebäuden ohne LPS gegen Überspannungen nichts getan werden muss, dagegen aber bei Gebäuden mit LPS, wo ja die Gefahren durch Anbringung einer „Äußeren Blitzschutzanlage "schon gemildert sind, auch noch ein Innerer Blitzschutz eingebaut werden muss.

Anders gesagt, nimmt man bei Gebäuden ohne LPS in Kauf, dass das Gebäude durch Blitzschlag zerstört wird, und es unter ungünstigen Umständen auch zu Bränden durch unkontrollierte Überschläge kommen kann, die das Leben der Bewohner bedrohen.

Deshalb muss man auch bei Gebäuden mit LPS dieses Schadensrisiko zulassen, weil es gleich dem oder kleiner dem eines Gebäudes ohne LPS ist.

Unsere sehr geschätzten Kollegen Trommer und Hampe schreiben ja in ihrem Buch Blitzschutzanlagen   Planen. Bauen. Prüfen
Trommer, Hampe, Hüthig Verlag
auf Seite 25 oberer Absatz

„Grundsätzlich ist ein Blitzschutzsystem als ein gesamtes System, bestehend aus dem äußeren und dem inneren Blitzschutz, vorzusehen. Werden nur Teile davon geplant und gebaut, so besteht für das zu schützende Objekt eher eine Gefährdung als ein Schutz "

Wenn man die Sache so betrachtet, müssen entweder alle in den letzten 50 Jahren installierten Blitzschutzanlagen sofort abgerissen werden, weil sie die Gebäude gefährden, oder man entschließt sich alle „alten "Anlage nachzurüsten, was aber sicherlich mit dem Bestandsschutz nicht vereinbar wäre.

Ich möchte auch noch auf die rechtlichen Konsequenzen hinweisen, die aber meiner Meinung nach von Juristen beantwortet werden sollten.

Wie Sie wissen, ist bei den meisten Blitzschutzanlagen aus Kostengründen kein Innerer Blitzschutz
installiert worden.

Die Frage ob man den Inneren Blitzschutz zwingend für alle Gebäude der Gruppe II vorschreiben kann, wird spätestens dann geklärt werden, wenn ein privater Gebäudebesitzer, nach einem Blitzschaden mit

Todesfolge vor Gericht steht, und gefragt wird, warum er nicht dafür gesorgt hat, dass auch der Innere Blitzschutz eingebaut wurde.

Es ist auch nicht einzusehen, warum man ganze Gebäude gegen EMP abschirmen muss, nur um die Versäumnisse der Elektro- und Elektronik Industrie "wiedergutzumachen".
Es wäre viel einfacher, einzelne elektrotechnische und elektronische Bauteilkomponenten in Faraday'schen Käfigen zu integrieren, und die sogenannten Löcher in den Käfigen, mit Überspannungs-Ableitern zu beschalten, bzw. nur noch geschirmte Kabel bis 10 kA für Telekommunikation und Datenleitungen zuzulassen, das wäre zwar kein Allheilmittel, würde aber die elektrischen und elektronischen Systeme sicherer machen.

Warum schreibt man diese Dinge nicht in die entsprechenden VDE Normen.

Es sollten grundsätzlich in allen Elektrohaupt- und je nach Größe und Ausdehnung der Installationen auch in den Unterverteilungen Überspannungsschutzgeräte eingebaut werden, unabhängig davon ob ein Äußerer Blitzschutz angebracht wird, oder nicht.

Mit klammheimlicher Freude registrieren die EVU's seit Langem, dass die Blitzschutzerrichter stellvertretend für die ganze Branche flächendeckend immer mehr Überspannungsschutzgeräte einbauen, und somit das gesamte Netz kostenlos absichern.

Über diese Zusammenhänge gibt es inzwischen statistische Erhebungen. Danach gehen die eingekoppelten Spannungen durch Blitzeinschlag in die Netze ständig weiter zurück.

Eingriff in fremde Elektroanlagen und Datenleitungen

Da Blitzschutzanlagen überwiegend auf bestehenden Gebäuden errichtet werden, kann der Blitzschutzbau nicht ohne vorherige Absprache in fremde Anlagen Eingriffe vornehmen, und wenn er das tut, übernimmt er die volle Haftung und wird im Schadensfall haftpflichtig.

Ganz davon abgesehen, dass die meisten Blitzschutzfachleute überhaupt nicht in der Lage sind die erforderlichen Einbauten in die Elektrotechnischen Anlagen und Datenleitungen vorzunehmen, ist der Aufwand, der mit diesen Arbeiten einhergeht im Kostenrahmen anzusetzen, der in den meisten Fällen weit über den Errichtungskosten der Äußeren Blitzschutzanlage liegen wird.

Anwendung der neuen Normen in der Übergangszeit

Nach Auffassung aller Blitzschutzfachleute müssen LPS jetzt schon nach den neuen Normen errichtet werden. Viele Gutachter und auch der TÜV prüfen die Anlagen nach den neuen Normen, und es gibt jedes Mal endlose Diskussionen.

Wegen der Konkurrenzsituation wird die neue Norm ignoriert, und Augen zu und drauf, weiter wie gehabt, geplant und montiert.

Dieser unhaltbare Zustand muss durch eindeutige Erklärungen der Normenkommission beseitigt werden, sonst kommen wir in „Teufels Küche ".
Wie soll der Blitzschutzbau sich heute verhalten, wenn Gutachter Anlagen, die noch nach den alten Normen errichtet wurden, so behandeln, als wären die neuen Normen schon als Weißdruck im VDE Verlag erschienen.

Der TÜV Berlin hat schon 1996 eine von mir gemäß VDE 0185 Teil 2 geplante Anlage auf der Ev. Kirche meiner Heimatstadt in der Mark Brandenburg beanstandet, weil die Ringleitung in Bodennähe zunächst aus Kostengründen nicht ausgeführt wurde. (Sie wird bei demnächst anstehenden Straßen-Bauarbeiten nachgerüstet.)

Zweites Beispiel:

Der Sachverständige der Handwerkskammer Braunschweig hatte den Blitzschaden an einer Kirche in Niedersachsen zu begutachten. An der Kirche war durch Blitzeinschlag im Turm ein Schwelbrand entstanden der zur Folge hatte, dass der Dachstuhl völlig ausbrannte.

Der Sachverständige stellte fest, dass die Blitzschutzanlage des Turmes nicht mit der des Kirchenschiffes verbunden war. Die Näherungsabstände im Turm waren nicht eingehalten worden, der Blitzschutzpotenzialausgleich fehlte, Blitzstrom- und Überspannungsschutzgeräte fehlten.

Alles unverzeihliche Todsünden, die bei dem Einschlag zu dieser Katastrophe führen mussten.

Aber der Sachverständige beanstandet auch, dass die Erdungsanlage statt mit einer Ringleitung, nur mit Einzelerdern ausgeführt wurde.

Diese beiden Beispiele zeigen deutlich, dass es höchste Zeit ist, in der Frage welche Normen anzuwenden sind, Klarheit zu schaffen. Dies ist meiner Ansicht nach, die Aufgabe der DKE.

Um hier klare Verhältnisse zu schaffen, sollte die DKE über den VDE Verlag einen Aufsatz veröffentlichen, der in dieser Frage für alle die mit dem Blitzschutz befasst sind, Klarheit schafft.

Der Sicherheitsabstand

Das Sicherheitsbedürfnis der Menschen ist in den vergangenen Jahrzehnten immer weiter gestiegen, was eine riesige Kostenlawine nach sich zieht.

Die Physik kann man nicht ändern, wohl aber den Sicherheitsabstand!

Diese aus den wissenschaftlichen Erkenntnissen abgeleiteten

Formeln sind so eng formuliert, dass theoretisch ein Schutz von 98 % in der Schutzklasse I erreicht werden soll.

Das widerspricht den aus der Schutzklassenberechnung in den Schutzklasse III und IV abgeleiteten Ergebnissen, dass sehr häufig überhaupt kein Blitzschutz erforderlich macht.

Fast der gleiche Sicherheitsabstand wird aber auch in der Schutzklasse IV bei 98 % Schutzpegel gefordert.

Wenn man die gleichen Sicherheitsstandards beim Straßenverkehr anlegen würde, müsste ein Auto eine Knautschzone von 10 Metern haben, damit den Insassen bei Tempo 100 zu 98 % nichts passieren kann.

Die zulässige Höchstgeschwindigkeit bei Bussen und Bahnen müsste auf 30 Km/h reduziert werden und dass Fliegen müsste man verbieten.

Bei bestehenden Gebäuden können durch die diversen vermaschten Installationssysteme die Sicherheitsabstände überhaupt nie, oder meistens nicht eingehalten werden. Außerdem bleibt die Frage völlig offen, mit welchen Mitteln oder Methoden die fast immer unter Putz verlegten Installations-Näherungen vom Errichter aufgespürt werden sollen.

Es müssen daher immer mehrere Potenzialausgleichsebenen eingebaut werden. Selbst bei kleinen Wohnhäusern sind im Dachgeschoß diverse Installationen vorhanden, die an vielen Stellen Näherungen zur Blitzschutzanlage haben.

Nach den theoretischen Erkenntnissen, muss dann auch dort eine Potenzialausgleichschiene gesetzt und mit dem Blitzschutz, Heizungs-Wasserleitungen und den elektrischen- elektronischen und Datenleitungssystemen, wie Antennenkabel oder Telefon verbunden werden.

Da in den oberen Stockwerken selten Unterverteilungen zu finden sind, ist es mir noch ziemlich schleierhaft, wie man hier eine normgerechte Anlage erstellen soll.

Die neuen Normen geben auch keine Auskunft darüber, wie man sich den Einbau dieser Potentialausgleichsebenen bei ausgedehnten Flachdächern vorstellt. Wie oft in der Fläche soll der Blitzschutz-Potenzialausgleich durchgeführt werden. Hier hilft es dem Errichter wenig, wenn man in die Norm schreibt: so oft wie nötig, oder wie in VDE 0185 Teil 10 2.3.1 c) ausgeführt, „wo sie notwendig sind"!

Sicherheitsabstände bei Gebäuden mit Auffangstangen, oder nur Teilfirstleitungen.

Auf den ersten Blick sieht das sehr schön aus, einfach eine Auffangstange auf das Dach montieren, Ableitung runter und Erdung dran, Potenzialausgleich und fertig ist die Blitzschutzanlage.

Jetzt kommt aber der Sicherheitsabstand, und der muss ja in diesem Fall auch eingehalten werden!

Beim Verlegen der Dach- und Ableitungen werden bei einem modernen Gebäude mehrfach Blechabdeckungen, und Regenrinnen und andere Metallteile gekreuzt und müssen deshalb angeschlossen werden. Diese Metallteile werden dadurch Bestandteil der Blitzschutzanlage und es entstehen weitere Näherungen.

Da der Sicherheitsabstand meistens sehr groß ist, müssen dann immer mehr Dachsystemen mit der Anlage verbunden werden und am Ende ist gegenüber einer konventionellen Anlage nichts gespart.

Das ist besonders dann hässlich, wenn man kleine Bereiche von Gebäuden schützen will, weil der größere Teil im Schutzwinkel, oder in der Schutzzone eines höheren Gebäudes liegt.

Leider wird diesem Aspekt in den Normen zu wenig Aufmerksamkeit geschenkt. Es sollten wenigsten ein paar Sätze dazu ausgeführt werden, wie eine solche Anlage zu bauen ist, sonst kommt es bei den Fachleuten wieder wie üblich zu Konfusionen. Die Größe von Gebäuden bei nur einer oder zwei Auffangstangen

Nach VDE 0185 Teil 1 und 2 war die Anzahl der erforderlichen Ableitungen vom Umfang der Gebäude abhängig.

Die Schutzkegel von Auffangstangen reichen oft für sehr große Komplexe, und außerdem kann man ja die Stangen höher machen, z. B. 20, 30, 45, oder 60 hoch, und so immer größere Komplexe absichern.

Leider sagt der neuen Normkomplex nichts Eindeutiges darüber aus, wie groß Gebäude sein dürfen, wenn sie z. B. mit einer oder zwei Auffangstangen geschützt werden sollen.

Ringleitungen in Bodennähe

Da die meisten Architekten, Bauingenieure und Elektriker sowieso der Meinung sind, dass Blitzschutzanlagen nur zur Nervenberuhigung dienen, und ansonsten nicht viel helfen oder nicht funktionieren, kann man davon ausgehen, dass sie zum Schaden der Branche in naher Zukunft noch weniger Blitzschutzanlagen planen und ihren Bauherren zur Installation vorschlagen werden, wenn sie nach den neuen Normen bei Altbauten eine kostenintensive Erdringleitung in Bodennähe einplanen müssen.

Bei Gebäuden der Gruppe II sollte man deshalb auf die in der Bodennähe vorgesehenen Potential-Ausgleichsleitungen verzichten können, wenn diese Ringleitung aus bautechnischen Gründen, nur mit erheblichem baulichen Aufwand und hohen Kosten realisiert werden kann. (Straßenaufbruch, siehe hierzu auch meine ausführlichen Kommentare in Rundschreiben an Blitzschutzfirmen und Einsprüche)

Es gilt das Gleiche wie für den Überspannungsschutz bei Gebäuden der Gruppe II, wie schon weiter oben ausgeführt. Da ja für die Schutzklassen III und IV wesentlich niedrigere Wirkungsgrade vorgesehen wurden, sollte man das etwas höhere Risiko von eingekoppelten Spannungen in Gebäudeinstallationen zulassen.

Dafür erhält man durch die wesentlich höhere Anzahl der installierten LPS in der BRD eine ausreichende Kompensation.

Sie kennen ja meine Maxime:
Eine etwas schlechtere Blitzschutzanlage ist besser als überhaupt keine!

Da wegen der höheren Kosten mit an Sicherheit grenzender Wahrscheinlichkeit nach den neuen Normen viel weniger LPS gebaut werden, als nach den alten Normen, liegt dies auch im Interesse der gesamten Branche.

An dieser Stelle muss ich wieder die rechtlichen Aspekte in die Überlegungen einfließen lassen.

Wenn infolge von Normenänderungen in naher Zukunft ein großer Teil der Blitzschutzbaubetriebe einen immensen wirtschaftlichen Schaden erleiden wird, erkauft man sich den höheren Schutzlevel, der durch die neuen Normen erreicht wird, auf Kosten von Arbeitsplätzen.

Technik und Schutzbedürfnis ist seit Menschengedenken immer ein wirtschaftlicher Kompromiss gewesen, daran müssen sich die neuen Normen messen lassen.

Der Normen-Ausschuss muss hier seiner sehr großen Verantwortung gerecht werden.

Verfahren mit dem die Schutzwinkel und
Blitzkugelradien ermittelt werden können:

Auf Tagungen, in Seminaren und Blitzschutzlehrgängen haben die
Blitzschutzbauer viele kluge Ratschläge bekommen, wie man die unterschiedlichen Schutzwinkel mit den verschiedensten zeichneri-
schen Mitteln bestimmen soll. Da sollen imaginäre Blitzkugeln über
Modelle von Gebäuden gerollt werden, nur sind diese Modelle in den
seltensten Fällen vorhanden.

Es wird einfach ignoriert, das Gebäude nicht zweidimensional sind.
Wenn es uns gelingt, irgendwo die Schnittpläne, oder Ansichten für
ein Gebäude aufzutreiben, hilft das auch nicht viel weiter, weil in diesen Plänen leider keine Dachaufbauten eingezeichnet sind. Bei ein-
deutigen Schutzwinkeln, wie sie VDE 0185 Teil 1 vorgibt, reicht das Augenmaß, um feststellen zu können, welche Dachaufbauten in Schutzbereich der Auffangeinrichtungen liegen.

Für das „geistige oder praktische Rollen "einer gedachten Blitzkugel
im dreidimensionalen Raum, unter Berücksichtigung, dass man ja in
den meisten Fällen um das Gebäude herum keinen freien Platz hat,
sondern dicht bebautes Gebiet, das dann auch noch ansteigt, oder abfällt, ist das menschliche Vorstellungsvermögen hoffnungslos über-
fordert.

Für die Ermittlung von Schutzwinkeln sind optischen Winkelmessge-
räte der Firmen Suunto oder Hilti geeignet.

Für die Ermittlung der Schutzklassen, Sicherheitsabstände usw. eignet
sich in hervorragender Weise das von der Firma Aixthor entwickelte
Blitzschutzplanungsprogramm.

Allgemeine Fragen, die sich beim Studium der neuen Normen
stellen, die aber auch Fachleute in Seminaren nicht beantworten
konnten

Nachdem es inzwischen fast eine Inflation der neuen Normen gibt, ist es auf den ersten Blick ein bisschen schwierig geworden den „Durchblick "zu behalten, man möchte wissen, wie stehen die Normen zueinander, und wie sollen sie angewendet werden, und weshalb kann man das alles nicht in einer Blitzschutznorm herausbringen, oder als Norm und den dazugehörenden Erläuterungen?

Da sollte sich mal ein Insider hinsetzen, und die Entwicklung der Normen, die nationalen und internationalen Gremien in denen sie entstehen erläutern und deren Arbeitsweise in einem Aufsatz niederschreiben.

Gemäß VDE 0185 Teil 1 und 2 mussten Regenfallrohre, oder Stahltreppen und Leitern mit eigenen Erdungen ausgerüstet werden.

Reicht es, wenn diese Bauteile nur an den allgemeinen Potenzialausgleichring in Bodennähe angeschlossen werden.

Wie soll der „normale "Blitzschutz-Errichter den Querschnitt von Schirmungen feststellen, wenn er die Hersteller der Kabel nicht kennt?

Wie erfolgt die Berechnung der Blitzstromaufteilung, wenn nach Schutzwinkel- oder Blitzkugelverfahren, Stangen- Maschen, oder gemischten Verfahren, die Dachleitungen nicht mehr miteinander verbunden werden müssen.

Gelten Auffangspitzen aus Draht mit Schlagkappe auf Gebäuden im Sinne von Fangstangen, wenn sie deren Funktion, Bildung von Schutz-Winkeln- und Räumen übernehmen.

In EN V 61024-1 VDE 0185 Teil 100 wird die Ringleitung in Bodennähe gefordert. Aus VDE 0185 Teil 10 geht dies nicht mehr so eindeutig hervor? Dabei ist dies eine sehr kostenintensive   Frage bei der Ausführung von LPS und muss deshalb klar definiert werden.

Bei der Ausführung von LPS auf Flachdächern mit Auffangstangen müssten alle Stangen nur noch mit einer Ableitung ausgerüstet werden.

Bei Flachdächern mit größerer Flächenausdehnung werden nach Blitzkugel und Schutzwinkelverfahren mehrere Auffangstangen nötig sein.

Nach den Forderungen bezüglich der Stromaufteilung müssten diese Stangen mit zwei Dach- oder Ableitungen verbunden werden.
Da man für Flachdächer im Allgemeinen ein Maschennetz empfiehlt, andererseits aber auch Stangen gestellt werden dürfen, ergibt sich nun die Frage?

Können die Maschen „ausgedünnt " also weiter auseinandergelegt werden, oder müssen trotz der Auffangstangen die nach der Schutzklasse geforderten Abstände, die ja nach dem Blitzkugelverfahren Schutzräume bilden, eingehalten werden.

Wenn ich die neuen Normen richtig verstanden habe, genügt es, wenn man in solchen Fällen die Stangen an Dachquer- oder Längsverbindungsleitungen anschließt.

Bis zu welcher Dachlänge oder Breite kann man dies ohne Risiko tun?

Meiner Meinung nach müssen in die neuen Normen hierzu Angaben hinein, sonst könnte man z. B. in der Schutzklasse IV eine Dachfläche von 100 x 100 Metern mit 1.50 m hohen Stangen (Blitzkugeldurchhang 1,32 m)., Abstand 25 m, mit 9 Stangen und 3 Dach-Querleitungen ausrüsten und hätte alles geschützt.

Bei der Bemessung des Koeffizienten Kc ist unklar, welche Faktoren für c und h angesetzt werden sollen, wenn die Erdungsanlage nach Typ A, ohne Ringleitung in Bodennähe eingebaut wird, oder wenn nur eine einzelne Auffangstange mit Erdung installiert wird.

Allgemeine Anmerkungen zur Druckqualität der Zeichnungen und Grafiken und den verwendeten Kürzeln in den Normen und Verweise auf Tabellen.

Gutenberg hätte man noch verziehen, aber den heutzutage üblichen Standards entspricht das nicht mehr.
Die Tabellen, Zeichnungen, und Grafiken sollten größer und in einer besseren Qualität gedruckt werden.
Die Buchstaben in den Skizzen sind kaum lesbar, die Zeichnungen viel zu klein.

Begriffe und Definitionen

Für die vielen verwendeten Kürzel in den Normen, sollte in den Begriffserklärungen eine Übersetzung eingebaut werden.
Z. B.:

Kürzel	englisch	deutsch
LPS	Lightning Protektion System	Blitzschutzsystem
SPD	Surge Protective Devise	Stromwellenschutzgerät ?
CD	Commitee Draft im IEC	
FDISK	Final Draft International Standard	
EMP	Elektric Magnetic Puls	
Lemp	Lightning Electro Magnetic Puls	
TC	Technisches Commitee 81 im IEC	
IEC	Internationale Elektrotechnische Kommission	
VDE	Verband Deutscher Elektrotechniker e. V.	
VDEW	Verein Deutscher Elektrizitätswerke	
EN	Europa Norm (Europäische Norm?)	
V	Vornorm	
NA	Nationaler Anhang	
DIN	Deutsches Institut für Normung	
DKE	Deutsche Elektrotechnische Kommission	
ICS	?	

Cenelec Europäisches Komitee für elektrotechnische Normung

Die Verweise auf Tabellen in anderen Normen sind meiner Ansicht nach nicht korrekt. Wenn in einer Norm auf eine Tabelle verwiesen wird, sollte diese Tabelle auch im Anhang der Norm zu finden sein.
(Siehe VDE 0185 Teil 102 Seite 22)

Die in den Normen verwendete Begriffsauswahl und die Anordnung des NA als selbständige Einheit

Es wird immer die Syntax verwendet, „es sollte verwendet oder gemacht werden "
Was heißt dies nun genau?

Ich fürchte, dass sich bei einer solchen Aussage jeder aussuchen kann, wie er ein LPS errichten möchte!

In den alten Normen gab es so etwas nicht, hier musste man so oder anders verfahren.

Wenn es bei dieser Begriffswahl bleiben sollte, müsste wenigstens eine Erklärung zu diesem Thema in die Norm geschrieben werden, damit Anwender wissen was damit gemeint ist.

Begriffe, wie Trennungsabstand, Sicherheitsabstand, Näherungsabstand und vieles andere mehr, sollten in den Vorbemerkungen erläutert werden.

Meiner Meinung nach sollten die Ausführungen des Nationalen Anhangs in allen Normen immer im Anschluss an die aus IEC oder EN übernommenen Abschnitte eingefügt werden, damit der Leser nicht immerfort hin und her blättern muss.

Anmerkungen zu VDE 0185 Teil 102

Die Bilder 18 a und b, 19 und 20, sind leider nur zweidimensional ausgeführt, und sagen zur „Länge" nicht viel aus, weil in den meisten Fällen immer auch eine Querleitung vorhanden ist, die in die Länge mit einbezogen werden muss. Diese Zeichnungen müssen deshalb 3-dimensional ausgeführt werden.

NA zu 5.2.1

Ganz erhebliche Korrosionsprobleme treten auch auf, wenn Aluminiumleitungen mit Silikonen zusammentreffen.
Das in Silikonen enthaltene Azetat, Silikat oder Essigsäure, ich bin kein Chemiker, zersetzt Alu in Monaten und gerade bei Mauerabdichtungen wird oft Silikon verwendet.
NA zu 5.2.2

Hier sollte man ergänzen, dass die Blechabdeckungen an Attiken, die aus dem Beton oder Mauerwerk austretenden Leitungen aus messtechnischen Gründen nicht berühren dürfen. (Messbrücke) Demzufolge sollten solche Anschlussleitungen mit Kunststoffmantelleitungen ausgeführt werden.

2.4.2.2 Seite 22 eingerückter Absatz Schutzwinkelverfahren sind usw.

Da der Blitzkugelradius von 20 m bis 60 m für Gebäudehöhen in gleicher Höhe reicht, kann man wohl nicht mehr von einzelnen Strukturen oder kleine Teile von größeren Gebäuden reden, das ist schlecht definiert.

Anmerkungen zu VDE 0185 Teil 10

2.2.2 Seite 14 3. Absatz muss wohl heißen „wird" empfohlen.

2.2.4 a) 4. Absatz ist unklar was man unter „Isolierstoff umkleidet" verstehen soll, da gibt es viele Möglichkeiten?

b) „vorausgesetzt, dass diese nicht zu der baulichen Anlage gehören ", ist meiner Ansicht nach schlecht definiert, ich habe es jedenfalls nicht verstanden, sorry.

Ebenso Anmerkung 3: sollte wohl heißen, „sollte die Fangeinrichtung oberhalb des zu erwartenden
Wasserstandes auf dem Dach liegen ".

2.3.7 letzter Absatz sollte geändert werden. „sollte es Personen durch geeignete Maßnahmen, wie Absperrungen oder Hinweisschilder, nicht erlaubt werden sich den Leitungen zu nähern.

Da ja im Bereich von Blitzschutzerdungen diese Personengefährdung generell und immer besteht, schlage ich vor, dass in Zukunft alle Blitzschutzerdungen zwingend mit solchen Hinweisschildern ausgerüstet werden, wie

Achtung:

Bei aufziehenden Gewittern nicht im Freien aufhalten, bitte halten Sie mindestens einen Abstand von 5 m zu dieser Blitzableiter-Erdung.

Man könnte dann z. B. die Ableitungsnummer und die Ausführungsfirma mit in den Hinweis aufnehmen. Das wäre meiner Meinung nach, eine schon lange fällige Sicherheitsmaßnahme und würde langfristig die Bevölkerung für die Gefahren des Blitzschlages sensibilisieren.

2.4.4 dritter Absatz ist schlecht formuliert. Was ist damit gemeint? Soll das Erdreich noch nicht verfüllt werden, bevor die Abnahme erfolgt ist?

 Antworten der Herren Dr. U. Landers und Müller zu meinen Kommentaren zur Vornorm DIN V EN V (VDE 0185 Teil 100 vom 21.11.2000 die noch diskutiert werden sollten.

1.4

Es ist doch wohl auch in Fachkreisen unumstritten, dass mit dem Schutzklassensystem noch einiges im Argen liegt.

Es kann ja wohl nicht sein, dass man bei benachbarten Gebäuden mit gleicher Dachhöhe das Ergebnis der Berechnung erhält „Keine Blitzschutzanlage erforderlich, vergessen Sie den Überspannungsschutz nicht"!

Außerdem sind die Konstruktionsmerkmale der Gebäude viel komplexer, als es die Eingaben für die Schutzklassenberechnung gestatten. Mit den paar Angaben kann man unmöglich alle Gebäudetypen erfassen.

Da ja die Schutzklassenbestimmung immer mehrere Interpretationen zulässt, ich meine damit, dass bei mehreren Leuten die Schutzklassen bestimmen, immer auch unterschiedliche Ergebnisse herauskommen, übernimmt der Errichter im Schadensfall mit seinem Vorschlag welche Schutzklasse anzuwenden ist, die volle Verantwortung.

Hat er aus welchen Gründen auch immer eine falsche Schutzklasse bestimmt, zerrt man ihn vor Gericht.

Die Schutzklassen haben auch wettbewerbsrechtliche Aspekte. Da ja die meisten Kunden Blitzschutzlaien sind, müssen in Zukunft alle Anbieter immer gleich mehrere Angebote für mehrere Schutzklassen erarbeiten.

1.6 Ich kann Ihre Einlassungen bezüglich der Verwendung von Einzel- oder Tiefenerdern nicht nachvollziehen.

Natürlich sind Tiefenerder nicht verboten, nur müssen sie in den Potenzialausgleich, Ringleitung in Bodennähe einbezogen werden. Die Empfehlung sie niederinduktiv in Bodennähe zu verbinden bedeutet aber, wird es nicht gemacht, gibt es bei Schäden nach Blitzeinschlägen Ärger.

ENV Seite 8 2.0.1 Isolierungen, müsste demnach heißen isolierte Leitungen und nicht nur Isolierungen

2.1.3 Hier sollte man ergänzen, dass man das Einbrennen eines Loches durch Anbringen von Auffangspitzen im Abstand des Blitzkugel-Durchhanges verhindern kann. Das Gleiche gilt sinngemäß auch für Rohrleitungen, die als Auffang-Einrichtungen verwendet werden sollen?

Innerer Blitzschutz
Die Einlassungen beantworten nicht die grundsätzlich vorhandene Problematik, dass nach DIN EN V 61024 –1 VDE 0185 Teil 100 die Maßnahmen zum Überspannungsschutz in Anlagen mit elektrischen und elektronischen Systemen zwingend gefordert wird.

Meine Frage ist doch, darf ich als Blitzschutzerrichter auch dann eine Äußere Blitzschutzanlage bauen, wenn der Gebäudebesitzer den Inneren Blitzschutz aus Kostengründen ablehnt?

Wie sehen die rechtlichen Konsequenzen für den Gebäudebesitzer und den Errichter aus, wenn es dann infolge eines Blitzeinschlages zu Schäden oder viel Schlimmer, zu Verletzten oder gar Todesfällen kommt.

Wenn ich Ihren letzten Absatz zu den Schlussbetrachtungen richtig interpretiere, wird hier der Versuch gemacht die ENV auszulegen.

Es kann jedoch nicht der Sinn und Zweck einer Norm sein, diese dann anschließend zu interpretieren. Ich bin der Meinung, solche weitreichenden und vor allem rechtlichen Aussagen müssen im Normenheft stehen, damit für die Betreiber und Anwender Rechtssicherheit entsteht.

Außerdem übernehmen die Herren Landers und Müller mit dieser Interpretation eine große Verantwortung, weil die gesamte Blitzschutzbranche sich kaum daran halten wird.

Schlussbetrachtung
Neben kleineren Problemen mit den neuen Normen bleiben drei große Hauptprobleme übrig, die ausführlich diskutiert werden sollten.

1. Die Erdringleitungen in Bodennähe
2. Die Sicherheitsabstände bei Gebäuden der Gruppe II
3. Der Blitzschutzpotenzialausgleich

Mit freundlichen Grüßen
Horst Reiner Menzel

Leser-Informationen

Horst Reiner Menzel wurde am 14. September 1938 in Spremberg in der Mark Brandenburg geboren. Nach dem Besuch der Schule und dem Abschluss einer Handwerks-Lehre war Menzel in den Jahren von 1953 bis 1959 im Kanu- Leistungssport aktiv. Er verließ 1959 die DDR, weil ihm die Ausbildung zum Meister und auch ein Studium der Holztechnologie verwehrt wurden, vermutlich Sippenhaft, weil sein Onkel von 1949 - 1954 als politisch Verfolgter in Torgau und Bautzen einsaß. Menzel arbeitete dann in der Bundesrepublik in einem größeren Handwerksbetrieb und begann eine kaufmännische Ausbildung, in deren Anschluss er von 1959 bis 1980 als Angestellter und Betriebsleiter, in diesem Betrieb tätig war. Ab 1980 führte Menzel zusammen mit seiner Frau Doris einen eigenen selbständigen Handwerksbetrieb, bis er im Jahre 2003 den Betrieb an seinen Schwiegersohn übergab, in Pension ging und sich dem Schreiben widmete.
Hobbys: Sport - Musik - Schach - Schreiben - Bücher lesen

Der Autor

Veröffentlichungen:

Im BoD-Verlag Norderstedt und Amazon Verlag
Taschenbücher und E-Books deutschsprachig
and Publications as Paperbacks and Kindle E-books English

1

Gedichte und Aphorismen erzählen Geschichten
Nachdenkliches für Mußestunden
ca. 175 Gedichte 500 Aphorismen u. Epigramme
Herstellung und Verlag: BoD - Books on Demand, Norderstedt
Taschenbuch ISBN: ISBN-9783753440156

2

Deutsch-Amerikanische Familien-Saga
Eine Familien-Saga erzählt die Geschichte der Auswanderer,
von Siedler-Trecks, Goldgräbern und Farmern,
von den Kriegsereignissen und der Nachkriegszeit.
Taschenbuch ISBN-9783753496986

3

German-American Family-Saga
A family saga tells the story of the emigrants, of settler treks,
gold diggers and farmers, of the war events and the post-war
period.
Amazon Paperback: ISBN-9798575985259
Amazon E-Book-Code ASIN-B08PP1FS6F

4

Denkanstöße-Philosophische Betrachtungen
Gesellschaft im Wandel der Zeiten
Herstellung und Verlag: BoD - Books on Demand, Norderstedt
Taschenbuch: ISBN-9783753420615

5

Denkanstöße Philosophische – Betrachtungen
Astronomie – Physik – Universum
Künstliche Intelligenz – Robotik
Herstellung und Verlag: BoD - Books on Demand, Norderstedt
Taschenbuch: ISBN-9783752683417

6

Der ~Blitzschutz~
Die Entstehung einer Branche und ihre Normen-Krise
von 1955 - 2010
Amazon Taschenbuch: ISBN-9783754301944

7

Segelfieber
Fahrtensegler-Roman in der Seemannssprache, welche die har-
ten Realitäten auf hoher See nicht mit Seefahrerromantik ver-
klärt, sondern aufklärt.
Herstellung und Verlag: BoD - Books on Demand, Norderstedt
Taschenbuch ISBN-9783746047720

8

Lebensabschnitte
Episoden-Geschichten, Erinnerungen an den Krieg,
die Nachkriegsjahre, den Neuaufbau Deutschlands.
Herstellung BoD - Books on Demand, Norderstedt
Taschenbuch ISBN-9783753426501

9

Stalking-Report
Der Jurist definiert Stalking als Nachstellung und Verfolgen einer Person, die solange wiederholt wird, bis das Opfer in seiner
physischen oder psychischen Unversehrtheit nachhaltig ge-
stört ist und sich langfristig bedroht und geschädigt fühlt. Der
Roman erzählt die Geschichte einer jungen Frau, die anfangs
das Geschehen für den Spleen eines abgewiesenen Verehrers

hält, sich dann aber bald in ihren Lebenskreisen immer mehr einschränken muss, um den exzessiven Nachstellungen des Stalkers zu entgehen. Die hilfesuchend die Behörden anruft, aber lange Zeit auf taube Ohren stößt. Erst durch ein entscheidendes Ereignis, dass sie selber auslöst, wird sie plötzlich vom Opfer zur Angeklagten.
Herstellung und Verlag: BoD - Books on Demand, Norderstedt
ISBN-13-9783752641110

10

Stalking Report
The jurist defines stalking as the stalking and pursuit of a person that is repeated until the victim is permanently disturbed in his physical or psychological integrity and feels threatened and harmed in the long term. The novel tells the story of a young woman who initially believes the events to be the quirk of a rejected admirer, but soon has to restrict herself more and more in her life circles in order to escape the excessive stalking of the stalker. She calls the authorities seeking help, but for a long time it falls on deaf ears. Only through a decisive event that she herself triggers, she suddenly goes from victim to defendant.
Amazon Paperback: ISBN-979-8582816287
Amazon e-book ASIN-B08QVRX4C2

11

Das Verkehrs ABC
Ein Erfahrungsbericht aus 55 Jahren Fahrpraxis
Die häufigsten Fahr- und Denkfehler der
Verkehrsteilnehmer – Wie überlebe ich im Verkehrs-Chaos
Herstellung BoD - Books on Demand, Norderstedt
Taschenbuch ISBN-9783752825053

12

Paddelfieber und Silberpappeln
Roman und Huldigung an den Kanusport
Paddeln – Freizeit – Freiheit in der Natur genießen.
Eine der wenigen Sportarten, die Welt aus einer anderen Perspektive zu sehen.
Herstellung und Verlag: BoD - Books on Demand, Norderstedt
Taschenbuch mit Farbfotos: ISBN-9783753480824

13

Die Aussteiger-The Dropouts
Oase der Lebensfreude für Zivilisationsmüde
Herstellung BoD Books and Demand und Amazon
Taschenbuch ISBN-9783753462264

14

Elektrofahrrad-Pedelec von A -Z
Ein Erfahrungsbericht für Einsteiger
- Technik - Navigation - Verkehrsprobleme und mehr
Amazon Taschenbuch ISBN-13-978-1508444350
Amazon E-Book-Code ASIN-B00T80UC42

15

Für tot erklärt
>Für tot erklärt < - erzählt die fiktive Geschichte von Rudolph Kaiser und beschreibt eine für seine Familie unerträgliche Situation in drei Teilen. Die des „Kriminellen", des „Verschwundenen" und die, der „Hinterbliebenen". Eigentlich eine wahre Geschichte, die sich jeden Tag an Land und auf hoher See, in der Berufs- Kreuz- und der Sport- Schifffahrt von Neuem ereignen kann.
Herstellung BoD Books and Demand
Taschenbuch ISBN-9783753482002

16

Die Tuchmacha
Eine leidenschaftliche Heimat-Geschichte beginnend mit dem
Erwachen des Industriezeitalters im 19. Jahrhundert der Sprem-
berger Tuchmacherdynastien, erzählt von einem mit Spreewas-
ser getauften Spremberger Horst Reiner Menzel.
Herstellung und Verlag: BoD - Books on Demand, Norderstedt
Taschenbuch mit Farbfotos: ISBN-9783753480503

17

Short Storries
What all this has come together in a long life.
Stories to smile and think about.
Impaled and written down,
Short stories to fall in love with.
Amazon Paperback: ISBN-9798692510969
Amazon E-Book Code: ASIN-B08KHH7VZ7

18

Der Blitz-König
Ein Blitzschutz-König, das war er in seinem Reich und in der
Branche, ein Monarch im Tun und Handeln, und er wurde es
wahrlich, ohne große eigene Anstrengung und Zutun. Sein Ver-
dienst war es allerdings, immer die richtigen Leute zu finden,
die ihn am Ende dorthin brachten was er haben wollte: Viel
Geld.
Herstellung und Verlag: BoD - Books on Demand, Norderstedt
Taschenbuch mit Farbfotos: ISBN-978-3752660098

19

Kurzgeschichten
Was so alles zusammengekommen ist in einem langen Leben.
Geschichten zum Schmunzeln und Nachdenken.
Herstellung und Verlag: BoD - Books on Demand, Norderstedt
Taschenbuch mit Farbfotos: ISBN-9783753453446

20

Das Schwimmbad A B C
Die allermeisten Bauherren sind Schwimmbad-Leien. Es gibt auch nur wenige Architekten, die sich mit der Materie wirklich auskennen. Man verlässt sich gern auf die „Fachleute" respektive Schwimmbad-Errichter-Firmen und steht dann oft schon beim Bau und später bei der Schwimmbadbetreuung einsam und verlassen da. Die Anlage kann durchaus gut und richtig geplant und auch ausgeführt worden sein, doch nun steht man vor der riesigen Aufgabe dieses Technikmonster am Laufen zu halten.
Herstellung und Verlag: BoD - Books on Demand, Norderstedt
Taschenbuch mit Farbfotos: ISBN-9783753454467